高等教育艺术设计精编教材

影视包装特效——3ds max 制作技法

徐灏 编著

清华大学出版社

北京

内 容 简 介

本书系统翔实地讲解了运用 3ds max 制作影视动画的基础知识,重点介绍了 3ds max 粒子系统的制作技巧、影视动画特效的综合制作方法。全书共分 4 章,以 23 个影视特效动画为原型,从不同视角提出相应的解决方案。

全书采用软件功能讲述与实例制作相结合的教学方式,贴近设计实际过程,力求帮助读者掌握正确使用 3ds max 制作影视特效的方法。

本书适合 3ds max 初、中级读者学习,也可作为三维设计、广告设计、影视后期制作等行业从业人员的参考用书,还可作为影视艺术高等院校相关专业学生的教材。

图书在版编目(CIP)数据

影视包装特效:3ds max 制作技法/徐灏编著. --北京:清华大学出版社,2013

高等教育艺术设计精编教材

ISBN 978-7-302-32405-8

Ⅰ. ①影…   Ⅱ. ①徐…   Ⅲ. ①三维动画软件-高等学校-教材   Ⅳ. ①TP391.41

中国版本图书馆 CIP 数据核字(2013)第 098026 号

责任编辑:张龙卿
封面设计:徐日强
责任校对:李 梅
责任印制:李红英

出版发行:清华大学出版社
          网   址:http://www.tup.com.cn, http://www.wqbook.com
          地   址:北京清华大学学研大厦 A 座   邮   编:100084
          社 总 机:010-62770175   邮   购:010-62786544
          投稿与读者服务:010-62776969, c-service@tup.tsinghua.edu.cn
          质 量 反 馈:010-62772015, zhiliang@tup.tsinghua.edu.cn
印 装 者:北京市清华园胶印厂
经   销:全国新华书店
开   本:210mm×285mm   印   张:11.75   字   数:336 千字
版   次:2013 年 9 月第 1 版   印   次:2013 年 9 月第 1 次印刷
印   数:1~2000
定   价:27.00 元

产品编号:047098-01

前　言

　　3ds max 是目前较为流行的一款三维物体及动画制作软件，其功能强大、完善，广泛应用于影视动画、游戏制作、工业造型及建筑装潢等行业。许多人熟悉的魔兽世界等游戏、美国电影《蜘蛛侠2——后天》、动画片《加菲猫》等，均采用 3ds max 制作。使用 3ds max 软件完全能满足制作影视包装特效的基本需要。

　　本书通过实际商业应用范例讲解软件的技术重点，其中包括影视文字动画、电视栏目背景和视频特效等，把命令的讲解贯穿在实例制作过程中。本书对作品的制作步骤进行了细致的解析。

　　本书分为 4 章，包括三维影视动画基础知识、三维动态文字制作、三维影视动画特效制作、三维动态背景制作，共 23 个案例，涉及 3ds max 软件的动力学、粒子特效、综合特效制作等方面，在制作步骤中加强了对 3ds max 软件自身功能的应用，并通过不同视角提出相应的解决方案。

　　本书完全从实际出发，所介绍的特效制作方法都是作者多年从事设计工作的经验积累，实用价值很高。书中部分案例的制作方法不拘泥于形式，富有创意。

　　本书讲解通俗、内容全面、图文并茂，既适合希望掌握影视后期合成工具、提高后期制作水平的用户阅读，也可作为各类艺术院校和培训班影视动画专业学生的学习参考书。

　　由于作者知识水平有限，难免有疏漏之处，恳请广大读者批评、指正。

作　者

2013 年 4 月

目 录

影视包装特效——3ds max制作技法

第 1 章
三维影视动画基础知识

本章的学习目标是让读者了解数字视频制作的相关基础知识,重点是掌握不同的视频播放格式、画面像素比、常用视频压缩编码技术。

1.1 电视制式

电视信号的标准简称制式,可以简单地将其理解为用来实现电视图像或声音信号所采用的一种技术标准。

目前各国的电视制式不尽相同,制式的区分主要在于其帧频(场频)的不同、分辨率的不同、信号带宽以及载频的不同、色彩空间的转换关系不同等。

严格来说,彩色电视机的制式有很多种,例如我们经常听到国际线路彩色电视机,一般都有 21 种彩色电视制式,但把彩色电视制式分得很详细来学习和讨论并没有实际意义。在人们的一般印象中,彩色电视机的制式一般只有三种,即 NTSC、PAL、SECAM。

正交平衡调幅制——National Television System Committee,简称 NTSC 制。采用这种制式的主要国家有美国、加拿大和日本等。这种制式的帧速率为 29.97fps(帧/秒),每帧 525 行、262 线,标准分辨率为 720×480。

正交平衡调幅逐行倒相制——Phase Alteration Line,简称 PAL 制。中国、德国、英国和其他一些西北欧国家采用这种制式。这种制式帧速率为 25fps,每帧 625 行、312 线,标准分辨率为 720×576。

行轮换调频制——Sequentiel Couleur Avec Memoire,简称 SECAM 制。采用这种制式的有法国、俄罗斯和东欧等一些国家。这种制式帧速率为 25fps,每帧 625 行、312 线,标准分辨率为 720×576。

当我们要想欣赏进口录像节目、视频节目和卫星电视节目时,这些节目本身都带有生产国的制式烙印,在电视广播技术标准上与我国的 PAL/DK 制式有种种不同,因此若想正常收看,就需设法使我们的电视机和要看的电视节目所具有的制式相一致,这通常有两种方法:

(1) 进行制式转换,将电视节目制式改换为与所用电视机一致的制式;

(2) 让电视机有多种制式的接收能力。

进行制式转换时,若想全面转换成功,取得满意效果,可采用数字制转换器,但至少需投资几千元;若采用简单的部分模拟制转换器,虽约需百元即可,但效果却不一定理想。如果选用具有相应电视制式接收能力的电视机,则既省钱又不必另加一个机箱,效果既好又美观。目前商店的货架上出现的新式彩电的一个显著特色是:制式多,有的为 28 制式,有的为 21 制式,有的模糊地称为多制式,有的甚至称为全制式,这些电视机可以根据可能接收的电视节目制式种类来进行选择。

1.2　色彩表达模式

在影视动画制作中,虽然制作技巧是重点,但往往一些细节能够影响整体,比如色彩模式。不同的色彩模式将会呈现出不同的制作效果,所以大家必须了解相关概念。

模式一:RGB

RGB 模式俗称为三原色光的色彩模式或加色模式,任何一种色光都可以由 RGB 三原色混合得到,一组红色、绿色、蓝色就是一个最小的显示单位。而当增加红、绿、蓝色光的亮度级时,色彩也将变得更亮,包括电视、电影放映机、计算机显示器等都依赖于这种色彩模式。

模式二:YUV

YUV 的重要性在于它的亮度信号 Y 以及色度信号 UV 是分离的,所以彩色电视都采用 YUV 模式。这种模式和 RGB 显示速度一样快,所以很多高级用户更喜欢在这种模式下工作。

模式三:HSB

HSB 模式是根据人的视觉特点,用饱和度、色调以及亮度来表达色彩,它不仅仅简化了图像分析和处理的工作量,也更加适合人的视觉特点。

模式四:CMYK

CMYK 模式是由青色、品红、黄色以及黑色 4 种颜色组成的,这种模式主要应用于图像的打印输出,所有商业打印机使用的都是这种模式。

模式五:灰度

灰度模式属于非色彩模式,它只包含 256 级不同的亮度级别,并且只有一个黑色通道。在图像中看到的各种色调都是由 256 种不同亮度的黑色表示的。

1.3　帧　与　场

1. 帧的组成

在网络中,计算机通信传输的是由"0"和"1"构成的二进制数据,二进制数据组成"帧"(Frame),帧是网络传输的最小单位。实际传输中,在铜质电缆中传递的是脉冲电流;在光纤网络和无线网络中传递的是光和电磁波(当然光也是一种电磁波)。

针对高速脉冲电流而言,我们把低电平的脉冲设为"0"、把高电平的脉冲设为"1"。这些虚拟的"0"或"1"就是"位"(Bit)。在计算机网络中一般 8 个位组成了一个"字节"(Byte)。学过计算机的人都知道,字节(Byte)是计算机的数据储存单位。网络技术的初学者大都会把 Bit(位)与 Byte(字节)相混淆,谈到 100Mbps 以太网,就会认为它是每秒钟能传 100MB 数据的网络,实际上只是 25MB(理论值)。

视频素材分为交错式和非交错式。当前大部分广播电视信号是交错式的,而计算机图形软件包括 After

Effects 等视频编辑软件是以非交错式显示视频的。交错视频的每一帧由两个场（Field）构成,称为场 1 和场 2,或奇场（Odd Field）和偶场（Even Field）,在 After Effects 中称为上场（Upper Field）和下场（Lower Field）,这些场依顺序显示在 NTSC 或 PAL 制式的监视器上,能产生高质量的平滑图像。

2．场的组成

场是以水平间隔线的方式保存帧的内容,在显示时先显示第一个场的交错间隔内容,然后再显示第二个场来填充第一个场留下的缝隙。每一个 NTSC 视频的帧大约显示 1/30 秒,每一场大约显示 1/60 秒,而 PAL 制式视频的一帧显示时间是 1/25 秒,每一个场显示为 1/50 秒。若要取得包含最大细节的帧,需要合并两个场内的信息。

到目前为止,这些观念都很简单,不过若考虑到动态画面,就不是那么容易了。因为摄像机将依次扫描这两个场,影像内的所有文件到了第二个场中将移到不同于第一个场的位置。这将有助于电视画面的动作更为顺畅,不过这也是场在编辑时所造成的困扰。

我们知道原始视频帧（最原始的视频数据）根据编码的需要,以不同的方式进行扫描并产生两种视频帧:连续或隔行视频帧。隔行视频帧包括上场和下场,连续（逐行）扫描的视频帧与隔行扫描视频帧有不同的特性和编码特征,产生了所谓的帧编码和场编码。一般情况下,逐行帧进行帧编码,隔行帧可在帧编码和场编码间选取,如图 1-1 所示。

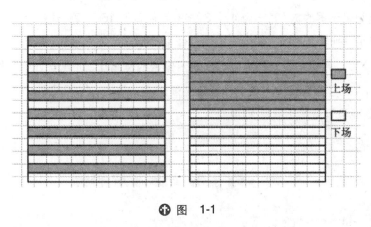

⊕ 图　1-1

1.4　分辨率与像素比

1．什么是像素

简单地说,我们通常所说的像素,就是 CCD/CMOS 上光电感应元件的数量。一个感光元件经过感光、光电信号转换、A/D 转换等步骤以后,在输出的照片上就形成了一个点。如果把影像放大数倍,会发现这些连续色调其实是由许多色彩相近的小方点所组成的,这些小方点就是构成影像的最小单位——"像素"（Pixel）。

像素分为 CCD 像素和有效像素,现在市场上的数码相机标示的大部分是 CCD 像素而不是有效像素。

2．什么是分辨率

说到像素就不得不提到分辨率,因为两者密不可分。

所谓 "分辨率"指的是单位长度中所表达或撷取的像素数目。与像素一样,分辨率也分很多种。其中最常见的就是影像分辨率,我们通常说的数码相机输出照片最大分辨率,指的就是影像分辨率,单位是 PPI（Pixel

Per Inch）。

打印分辨率也是很常见的一种，顾名思义，就是打印机或者冲印设备的输出分辨率，单位是 DPI（Dot Per Inch）。

显示器分辨，就是 Windows 桌面的大小。常见的设定有 640×480、800×600、1024×768 等。屏幕字型分辨率：普通 PC 的字型分辨率是 96DPI，Mac 的字型分辨率是 72DPI。

3．什么是像素比

我们以 PAL 制式的电视为例来说明。PAL 制式规定每帧的扫描行数为 625 行，由于消隐现象的存在，在垂直消隐期间扫描行不可能分解图像，而垂直消隐期约占扫描时间的 8%，因此 625 行中用于扫描图像的有效行数为 625×92%，大约为 576 行。按照 4：3 的比例，如果把像素看做方形，一帧图像在水平方向上就应该有 768×3/4=576 个像素。

PAL 制式的实际尺寸是 768×576，NTSC 制式的实际尺寸是 640×486，但是硬件厂商出于某些原因，统一了制式标准，PAL 的实际尺寸为 720×576；NTSC 的实际尺寸为 720×486。

但是实际使用硬件播放视频的时候，720 的画面比 768 窄，为了能使 720 和 768 的画面看起来一样宽，唯一的办法就是把像素拉长，拉长比率为 768/720 = 1.067，这就是像素比。

电视标准决定了电视显示屏的宽 / 高比为 4：3（将来可能普及 16：9），这是固定值。可设想为屏幕（PAL 制式电视机）上纵横密集排列着大量很小的发光方块（像素），每行为 720 块，共 576 行。

用 W 表示像素的宽度，H 表示像素的高度，R 表示像素的宽高比，则 R = W/H。屏幕的横向物理尺寸为 720×W，屏幕的纵向物理尺寸为 576×H，两者的比值必须为 4：3，即（720×W）/（576×H）= 4/3，转换该式可得：W/H = 1.06，因此像素宽高比就是 1.06。

1.5 数字视频压缩及解码

在日常生活中，视频编码器的应用非常广泛。例如在 DVD(MPEG-2)、VCD(MPEG-1)、各种卫星和陆上电视广播系统中、互联网上，视频素材通常是使用很多种不同的编码器进行压缩的，为了能够正确地浏览这些素材，用户需要下载并安装解码器包。

视频压缩技术是计算机处理视频的前提。视频信号数字化后，数据带宽很高，通常在 20Mb/s 以上，因此目前的计算机很难对之进行保存和处理。采用压缩技术以后，通常数据带宽可以降到 1 ～ 10Mb/s，这样就可以将视频信号保存在计算机中并作相应的处理。

现在常用的算法是 JPEG 和 MPEG 算法。JPEG 是静态图像压缩标准，适用于有连续色调的彩色或灰度图像，它包括两部分：一是基于 DPCM(空间线性预测) 技术的无失真编码；二是基于 DCT(离散余弦变换) 和 HUFFMAN 编码的有失真算法，前者压缩比很小，目前主要应用的是后一种算法。

在非线性编辑中最常用的是 MJPEG 算法，即 Motion JPEG。它是将视频信号 50 场 /s(PAL 制式) 变为 25 帧 / s，然后按照 25 帧 / s 的速度使用 JPEG 算法对每一帧压缩。通常压缩倍数在 3.5 ～ 5 倍时可以达到 BETACAM 的图像质量。

MPEG 算法是适用于动态视频的压缩算法，它除了对单幅图像进行编码外，还利用图像序列中的相关原则将冗余去掉，这样可以大大提高视频的压缩比。目前 MPEG-1 用于 VCD 节目中，MPEG-2 用于 VOD、DVD

节目中。

很多视频编解码器可以很容易地在个人计算机和消费电子产品上实现,这使得在这些设备上有可能同时实现多种视频编解码,这避免了由于兼容性的原因使得某种占优势的编解码器影响其他编解码器的发展和推广。其实没有哪种编解码器可以替代其他所有的编解码器。下面是一些常用的视频编解码器。

1. H.261

ITU(国际电信同盟)编制的 H.261 标准是第一个主流视频压缩标准。它主要应用于双工视频会议,是为支持 40Kb/s ~ 2Mb/s 的 ISDN 网络而设计的。H.261 支持 352×288 (CIF) 及 176×144 (QCIF) 分辨率,色度分辨率二次采样后为 4:2:0。由于可视电话需要同步实时编解码,因此复杂性较低。由于主要用于对延迟敏感的双向视频,因此 H.261 仅允许采用 I 帧与 P 帧,而不允许采用 B 帧。

H.261 采用基于块的 DCT 变换(离散余弦变换)进行残差信号的变换编码。DCT 变换把像素的每个 8×8 的块映射到频域,产生 64 个频率成分(第一个系数称为 DC,其他的称为 AC)。为了量化 DCT 系数,H.261 在所有 AC 系数中采用固定的线性量化。量化后的系数可进行行程编码,其可以按非零系数描述量化的频率,后面跟随一串零系数,在最后一个非零值之后以块代码结束。最后,可变长度编码 (HUFFMAN) 将运行级别对 (Run-Level Pair) 转换成可变长度编码 (VLC),其比特长度已针对典型概率分布进行过优化。

基于标准块的编码最终产生模块化视频。H.261 标准利用环路滤波避免这种现象。在模块边缘采用的简单 2D Fir(有限长单位冲激响应)滤波器用于平滑参考帧中的量化效应。必须同时在编码器及解码器中精确地对每个比特应用上述滤波。

2. MPEG-1

MPEG-1 是 ISO(国际标准化组织)开发的第一个视频压缩算法,其主要应用于数字媒体上动态图像与音频的存储与检索。MPEG-1 与 H.261 相似,不过编码器一般需要更高的性能,以便支持电影内容的较高运动性而不是典型的可视电话功能。

与 H.261 相比,MPEG-1 允许采用 B 帧。另外它还采用自适应感知量化,也就是说,对每个频段采用单独的量化比例因子(或等步长),以便优化人们的视觉感受。MPEG-1 仅支持逐行视频,而新的视频解压缩标准——MPEG-2 已经开始支持分辨率及比特率更高的逐行与隔行视频。

3. MPEG-2/H.262

MPEG-2 专门针对数字电视而开发,很快成为迄今最成功的视频压缩标准。MPEG-2 既能够满足标准逐行视频的需求(其中视频序列由一系列按一定时间间隔采集的帧构成),又能够满足电视领域常用的隔行视频的需求。隔行视频交替采集及显示图像中两组交替的像素(每组称为一个场)。这种方式尤其适合电视显示器的物理特性。MPEG-2 支持标准的电视分辨,其中包括:针对美国和日本采用的 NTSC 制式,以及欧洲和其他国家采用的 PAL 制式。

MPEG-2 建立在 MPEG-1 基础之上,并具备扩展功能,能支持隔行视频及更宽的运动补偿范围。由于高分辨率视频是非常重要的应用,因此 MPEG-2 支持的搜索范围远远大于 MPEG-1。与之前的标准相比,它的编码器需要比 H.261 和 MPEG-1 有高得多的处理能力。MPEG-2 中的隔行编码工具包含优化运动补偿的能力,同时支持基于场和基于帧的预测,而且支持基于场和基于帧的 DCT/IDCT。MPEG-2 在 30:1 左右压缩比时运行良好。MPEG-2 传输速率在 4 ~ 8Mb/s 时达到的质量适合消费类视频应用,因此它很快在许多应用中得到普及,如数字卫星电视、数字有线电视、DVD 以及后来的高清电视等。

另外，MPEG-2 增加了分级视频编码工具，以支持多层视频编码，即时域分级、空域分级、SNR（信噪比）分级以及数据分割。尽管 MPEG-2 中针对分级视频应用定义了相关类别 (ProFile)，不过支持单层编码的 MPEG-2 主类 (Main ProFile) 是当今大众市场中得到广泛应用的唯一 MPEG-2 类。

MPEG-2 解码最初对于通用处理器及 DSP(数字信号处理) 具有很高的处理要求。优化且具有固定功能的 MPEG-2 解码器已问世，由于使用量较高，成本已逐渐降低。MPEG-2 所获得的广泛应用已证明低成本芯片解决方案是视频编解码标准成功和普及的关键。

4．H.263

H.263 在 H.261 之后得到开发，主要是为了以更低的比特率实现更高的质量。其主要目标之一是基于普通 28.8Kb/s 电话调制解调器的视频。目标分辨率是 SQCIF(128×96) ~ CIF (352×288)。其基本原理与 H.261 大同小异。

H.263 的运动矢量在两个方向上允许是 1/2 的倍数（半像素），这种方法可以提高精度及压缩比。

尽管 H.263 有许多新的功能，但是仍然很难在普通电话线上实现理想的视频质量，而且目前基于标准调制解调器的可视电话仍然是一个难题。不过，由于 H.263 一般情况下可提供优于 H.261 的效率，它成为电视会议首选的算法，但是，为了兼容旧系统，仍然需要支持 H.261。H.263 逐渐发展成为 H.263+，后者增加了可选的附件，为提高压缩率并实现分组网的鲁棒性提供支持。H.263 及其附件构成了 MPEG-4 中许多编码工具的核心。

5．MPEG-4

MPEG-4 由 ISO 提出，以延续 MPEG-2 的成功。一些早期的目标包括：提高容错能力以支持无线网；对低比特率应用进行更好的支持；实现各种新工具以支持图形对象及视频之间的融合。大部分图形功能并未在产品中受到重视，相关实施主要集中在改善低比特率压缩及提高容错性上。

MPEG-4 简化类 (SP) 以 H.263 为基础，为改善压缩增加了新的工具，包括如下方面。

- 无限制的运动矢量：支持对象部分超出帧边界时的预测。
- 可变块大小运动补偿：可以在 16×16 或 8×8 粒度下进行运动补偿。
- 上下文自适应帧内 DCT DC/AC 预测：可以通过当前块的左右相邻块预测 DC/AC DCT 系数。
- 扩展量化 AC 系数的动态范围，支持高清视频：从 H.263 的 [−127,127] 到 [−2047, 2047]。

MPEG-4 增加了容错功能，以支持丢包情况下的恢复，包括如下方面。

- 片段重新同步 (Slice Resynchronization)：在图像内建立片段 (Slice)，以便在出现错误后更快速地进行重新同步。
- 数据分割：这种模式允许利用唯一的运动边界标记将视频数据包中的数据分割成运动部分和 DCT 数据部分，这样就可以实现对运动矢量数据更严格的检查。如果出现错误，可以更清楚地了解错误之处，从而避免在发现错误情况下抛弃所有运动数据。
- 可逆 VLC：VLC（可见光通信）编码表允许后向及前向解码。在遇到错误时，可以在下一个片段进行同步，或者开始编码并且返回到出现错误之处。
- 新预测 (Newpred)：主要用于在实时应用中实现快速错误恢复，这些应用中的解码器在出现丢包情况下采用逆向通道向解码器请求补充信息。

MPEG-4 高级简化类 (Asp) 以简化类为基础，增加了与 MPEG-2 类似的 B 帧及隔行工具（用于 Level 4 及以上级别）。另外它还增加了 1/4 像素运动补偿及用于全局运动补偿的选项。MPEG-4 高级简化类比简化类的

处理性能要求更高,而且复杂性与编码效率都高于 MPEG-2。

MPEG-4 最初用于因特网数据流,例如,已经被 Apple 的 QuickTime 播放器采用。MPEG-4 简化类目前在移动数据流中得到广泛应用。MPEG-4 Asp 是已经流行的专有 DivX 编解码器的基石。

6. H.264/ MPEG-4-AVC

视频编码技术在过去几年最重要的发展之一是由 ITU 和 ISO/IEC 的联合视频小组 (JVT) 开发了 H.264/MPEG-4AVC 标准。在发展过程中,业界为这种新标准取了许多不同的名称。ITU 在 1997 年开始利用重要的新编码工具处理 H.26l,结果令人鼓舞,于是 ISO 决定联手 ITU 组建 JVT 并采用一个通用的标准。因此,大家有时会听到有人将这项标准称为 JVT,尽管它并非正式名称。ITU 在 2003 年 5 月批准了新的 H.264 标准。ISO 在 2003 年 10 月以 MPEG-4 Part 10、高级视频编码或 AVC 的名称批准了该标准。

H.264/AVC 在压缩效率方面取得了巨大突破,一般情况下达到 MPEG-2 及 MPEG-4 简化类压缩效率的大约 2 倍。在 JVT 进行的正式测试中,H.264 在 85 个测试案例中有 78% 的案例实现了 1.5 倍以上的编码效率,77% 的案例中达到 2 倍以上,部分案例甚至高达 4 倍。H.264 实现的改进创造了新的市场机遇,如:

- 600Kbps 的 VHS(家用录像系统) 品质视频可以通过 ADSL 线路实现视频点播。
- 高清晰电影无须新的激光头即可适应普通 DVD。

1.6 3ds max 中数字视频选项设置

因为 3ds max 软件不是视频剪辑软件,虽然可以直接输出 AVI 等视频文件,但是这方面的制作相对专业视频软件还比较欠缺。

我们如果要通过 3ds max 软件自己输出的 AVI 文件,最好的效果是选择 Uncompressed 选项,也就是无损压缩,这样得到的视频文件非常清晰。具体设置如图 1-2 所示。

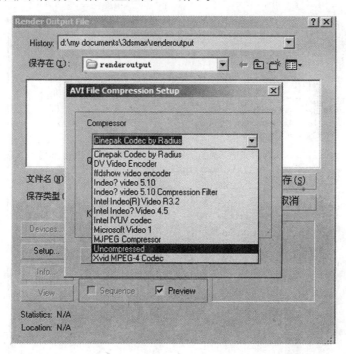

⊕ 图 1-2

该压缩方式的缺点是输出的视频文件量很大,一般都是几个 GB 以上的文件。

如果使用 3ds max 软件默认的 AVI 视频压缩格式,其中的 Quality 数值可以调节,这样输出的文件会比较小,但是画面比较模糊,主要用作动画测试及快速浏览时使用,不能作为最终的输出。要输出正式的视频文件不能用上面的方法。具体设置如图 1-3 所示。

通常输出标准动画常用的方式就是使用 3ds max 软件输出 TGA 序列帧,也就是序列图片。因为 TGA 文件带通道,清晰度足够,而且图片文件比 TIF 小很多,如图 1-4 所示。

当然,根据需要和实际情况,也可以选择导出 PNG 或者 JPEG 序列图片,如图 1-5 所示。

↑ 图 1-3　　　　　　　　　　　　↑ 图 1-4

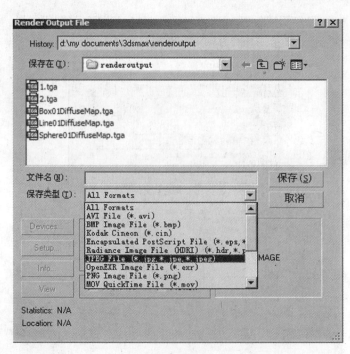

↑ 图 1-5

输出完成后可以使用视频编辑软件（例如 Premiere、After Effects、Edius 等）进行参数调整、画面剪切、音效合成等操作,根据不同的要求输出压缩过的 AVI 或者 WMV 等常用视频格式,这样视频比较清晰,文件量又小。

1.7　影视制作流程

根据实际制作流程,一个完整的影视类三维动画的制作总体上可分为前期准备、动画片段制作与后期合成三个部分。

1. 前期准备

指在使用计算机制作动画前,先对动画片进行规划与设计,主要包括:文学剧本创作、分镜头剧本创作、造型设计、场景设计。

文学剧本创作是动画片的基础,要求将文字表述视觉化,即剧本所描述的内容可以用画面来表现,不具备视觉特点的描述(如抽象的心理描述等)是应禁止的。动画片的文学剧本形式多样,如神话、科幻故事、民间故事等,要求内容健康、积极向上、思路清晰、逻辑合理。

分镜头剧本创作是把文字进一步视觉化的重要一步,是导演根据文学剧本进行的再创作,应体现导演的创作设想和艺术风格,分镜头剧本的结构一般为:图像画面 + 文字,表达的内容包括镜头的类别和运动、构图和光影、运动方式和时间、音乐与音效等。其中每个图像画面代表一个镜头,文字用于说明如镜头长度、人物台词及动作等内容。

造型设计包括人物造型、动物造型、器物造型等方面的设计,设计内容包括角色的外形设计与动作设计。造型设计的要求比较严格,包括标准造型、转面图、结构图、比例图、道具服装分解图等,通过角色的典型动作设计(如几幅带有情绪的角色动作来体现角色的性格和典型动作),并且附以文字说明来实现。部分造型可适当夸张,要突出角色特征,合乎运动规律。

场景设计是整个动画片中景物和环境的来源,比较严谨的场景设计包括平面图、结构分解图、色彩气氛图等,通常用一幅图来表达。

2. 动画片段制作

动画片段制作是根据前期的准备工作,在计算机中通过相关软件制作出动画片段,制作流程一般包括建模、赋予模型材质贴图、设置灯光、动画、摄像机控制、动画渲染等,这是三维影视动画的制作特色。

(1) 建模。建模是动画师根据前期的造型设计,通过三维建模软件在计算机中绘制出角色或场景模型。这是三维动画中很繁重的一项工作,角色和场景中出现的物体都要建模。建模的根本是创意,核心是构思,源泉是美术素养。建模通常使用的软件有 3ds max、AutoCAD、Maya 等。建模常见方式有:多边形建模——把复杂的模型用一个个小三角形或四边形组接在一起(放大后不光滑)。样条曲线建模——用几条样条曲线共同定义一个光滑的曲面,其特点是过渡平滑,不会产生陡边或皱纹,因此非常适合有机物体或角色的建模和动画制作。细分建模——结合多边形建模与样条曲线建模的优点而开发的建模方式。建模不在于精确性,而在于艺术性,如《侏罗纪公园》中的恐龙模型。

(2) 材质贴图。材质贴图部分,材质即指材料的质地,就是给模型赋予生动的表面特性,具体体现在物体的颜色、透明度、反光度、反光强度、自发光及粗糙程度等特性上。贴图是指把二维图片通过软件的计算贴到三维模型上，形成表面细节和结构。要将具体的图片贴到特定的位置，三维软件中使用了贴图坐标的概念。一般有平面、柱体和球体等贴图方式，分别对应于不同的需求。模型的材质与贴图要与现实生活中的对象属性相一致。

（3）灯光。灯光的作用是最大限度地模拟自然界中的光线类型和人工光线类型。三维软件中的灯光一般有泛光灯（如太阳、蜡烛等四面发射光线的光源）和方向灯（如探照灯、电筒等有照明方向的光源）。灯光起着照明场景、投射阴影及增添氛围的作用。通常采用三光源设置法：一个主灯、一个补灯和一个背灯。主灯是基本光源，其亮度最高，主灯决定光线的方向。角色的阴影主要由主灯产生。通常将主灯放在正面的 3/4 处，即角色正面左边或右面 45°处。补灯的作用是柔化主灯产生的阴影，特别是面部区域，常放置在靠近摄像机的位置。背灯的作用是加强主体角色及显现其轮廓，使主体角色从背景中凸显出来，背景灯通常放置在背面的 3/4 处。

（4）摄像机。摄像机控制的作用是依照摄像原理在三维动画软件中使用摄像机工具，实现分镜头剧本设计的镜头效果。画面的稳定、流畅是使用摄像机的第一要素。摄像机只在情节需要时才使用，不是任何时候都使用。摄像机的位置变化也能使画面产生动态效果。

（5）动画。动画制作阶段是设计师根据分镜头剧本与动作的设计，运用已设计的造型在三维动画制作软件中制作出一个个动画片段。动作与画面的变化通过关键帧来实现，可设定动画的主要画面为关键帧，关键帧之间的动画过渡由计算机来完成。三维软件大都将动画信息以动画曲线来表示。动画曲线的横轴是时间（帧），竖轴是动画值，可以从动画曲线上看出动画设置的快慢急缓、上下跳跃，如 3ds max 的动画曲线编辑器。三维动画的动是一门技术，其中人物说话的口形变化、喜怒哀乐的表情、走路动作等，都要符合自然规律，制作得要尽可能细腻、逼真，因此动画师要专门研究各种事物的运动规律。如果需要，可参考声音的变化来制作动画，如根据讲话的声音制作讲话的口形变化，使动作与声音协调。对于人的动作变化，许多三维软件系统都提供了骨骼工具，通过蒙皮技术，可将模型与骨骼绑定，从而产生合乎人的运动规律的动作。

（6）渲染。渲染是指根据场景的设置、赋予物体的材质和贴图、灯光等，由软件计算出一幅完整的画面或一段动画。三维动画必须渲染才能输出，造型的最终目的是得到静态或动画效果图，而这些都需要渲染才能完成。

3．后期合成

影视类三维动画的后期合成，主要是将之前所做的动画片段、声音等素材，按照分镜头剧本的设计，通过非线性编辑软件的编辑，最终生成动画影视文件。

三维动画的制作是以多媒体计算机为工具，综合文学、美工美学、动力学、电影艺术等多学科而完成的。实际操作中要求多人合作、大胆创新、不断完善，紧密结合社会现实，反映人们的需求，倡导正义与和谐。

第 2 章
三维动态文字制作

本章的学习目标是让读者能够使用 3ds max 软件制作三维文字动态效果,重点是掌握 3ds max 软件的各种变形修改器工具的使用方法、简单文字动态的制作方法、光晕特效的制作方法等。

2.1 飞散金属文字

本部分将学习到一个文字模型转变成粒子并进行飘散的效果。

首先打开 3ds max 软件,单击创建命令面板中的图形创建按钮,在"前"(Front)视图中创建一个 Text(文本)对象,然后输入文字 MAX Text,并调节文字参数。再在修改命令面板中单击修改器列表,选择挤压工具给文字一些厚度。具体参数如图 2-1 所示。

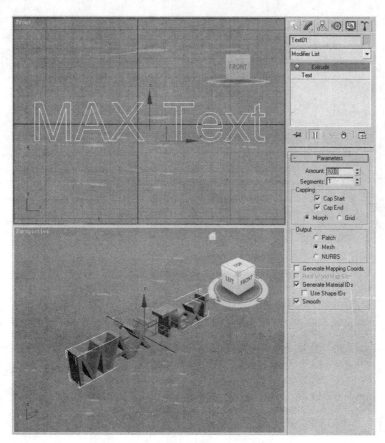

⬆ 图 2-1

现在需要创建一个风力。在创建命令面板中选择 Space Wraps 选项下的 Wind, 在视图中建立一个风力, 通过移动把它放到文字的左边。具体位置如图 2-2 所示。

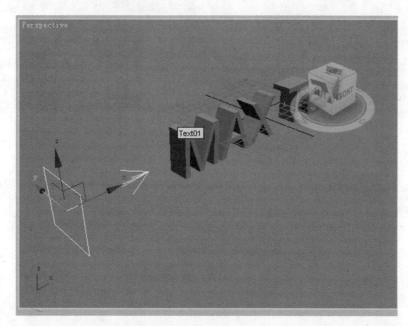

☝ 图　2-2

以同样的方式创建一个 Drag（实时显示）对象, 并把它放到风力的旁边, 如图 2-3 所示。

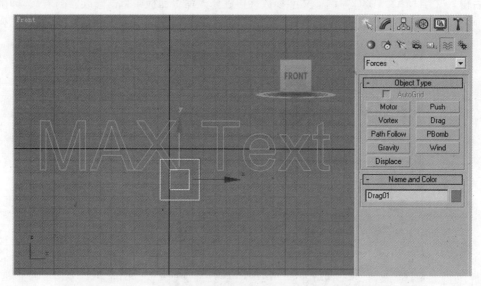

☝ 图　2-3

下面需要调整一下几个物体的数值。选择 Wind 对象, 在参数调节面板中调节参数, 如图 2-4 所示。

然后对 Drag 对象的参数进行修改, 具体设置如图 2-5 所示。

接着可以单击 "顶"（Top）视图, 使用画线工具绘制一些线框图形, 任意形状即可, 选择所有的图形并组合成组, 效果如图 2-6 所示。

现在创建一个 Particle Flow Source 粒子对象, 这时可以置入到任何一个视图当中, 如图 2-7 所示。

在修改命令面板中选择 PF Source 图标, 在 Setup 中单击 Particle View, 或者按键盘的 6 键, 结果如图 2-8 所示。

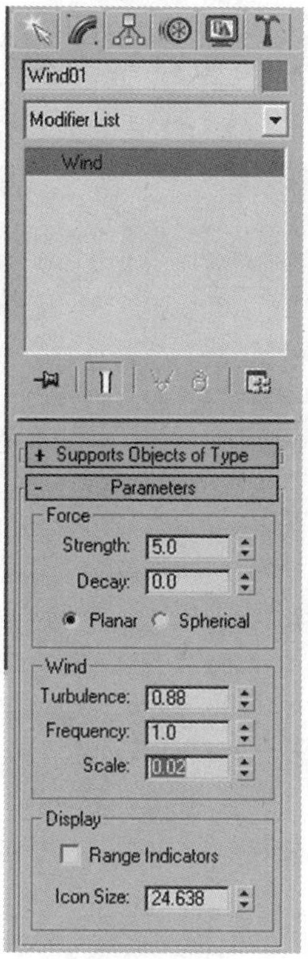

图 2-4

图 2-5

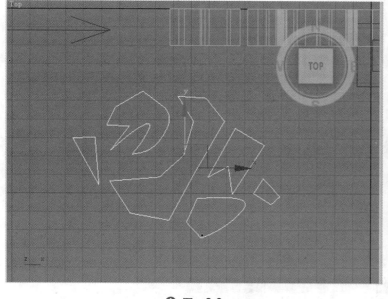

图 2-6

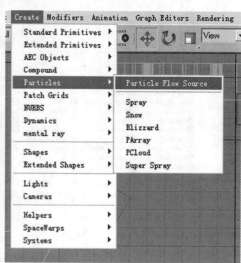

图 2-7

现在就会显示出粒子视图窗口,同时已经创建了一个标准粒子物体,然后删除 Position、Speed 和 Shape,如图 2-9 所示。

拖动一个 Position Object 物体放到事件当中,并且放在 Emitter Objects 下面,然后添加已创建的文本 Text01。具体参数调节如图 2-10 所示。

同样,再添加 Force 和 Shape Instance 两个选项,如图 2-11 所示。

选择 Force 01,并为其添加 Wind 和 Drag 的选项,如图 2-12 所示。

图 2-8

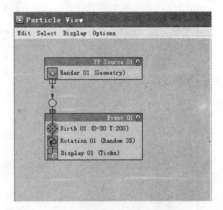

图 2-9

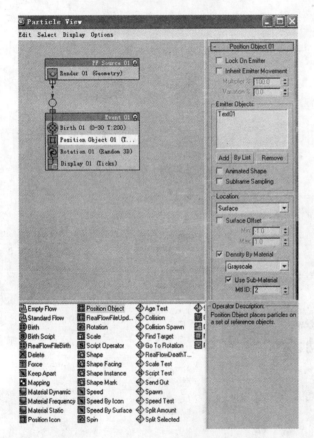

图 2-10

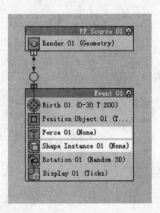

图 2-11

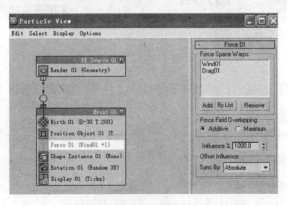

图 2-12

接着选择 Shape Instance 01,单击后添加刚才绘制的图形组合,如图 2-13 所示。

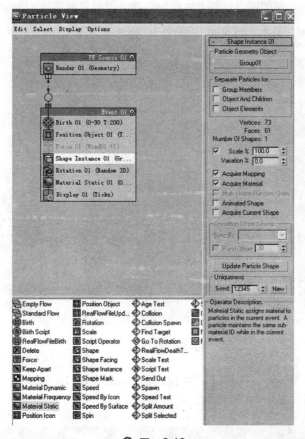

图　2-13

现在打开材质编辑器,选择一个空材质球,将其转换成多重子材质类型,并把 ID 数量调节成 2 个。然后选择 1 号材质,把漫反射的颜色调节为白色,如图 2-14 所示。

在不透明通道中使用渐变选项,渐变形式为黑色坡度,做一个从左到右的线性渐变。这样到第 80 帧的时候就变成了白色。在 Noise 选项区中添加一点噪波,让效果更好一些。具体参数设置如图 2-15 所示。

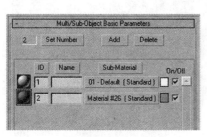

图　2-14

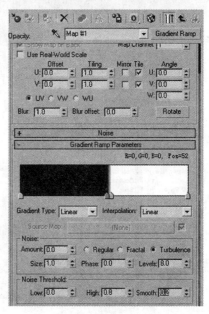

图　2-15

现在调节 2 号材质,在 Diffuse 通道中添加一个渐变坡度,具体的参数调节如图 2-16 所示。

接着可以将 1 号材质中的不透明通道的渐变坡度复制到 2 号材质的不透明通道中,如图 2-17 所示。

然后把这个材质赋予 Text(文本)对象上,如图 2-18 所示。

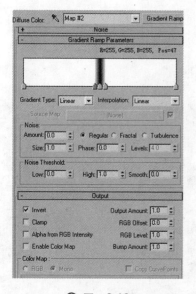

图 2-16

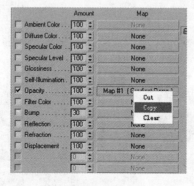

图 2-17

图 2-18

打开粒子视图(Particle View),在事件列表中添加一个 Material Static,将已设置好的纯白的材质拖放到 Assign Material 中,如图 2-19 所示。

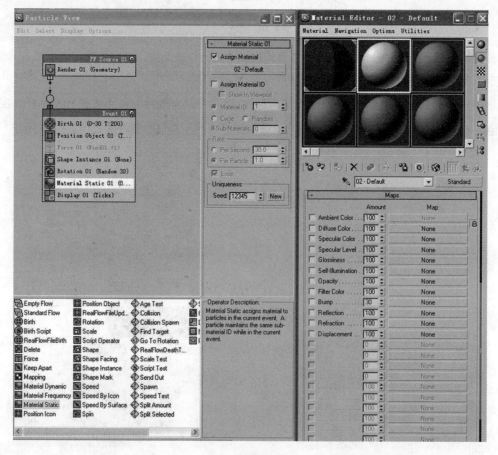

图 2-19

按下 F9 键进行快速渲染，渲染完成后将看到文字随机破碎成粒子的图像，如图 2-20 所示。

再按下 F10 键，打开渲染设置窗口，设置动画帧数为 0 ～ 100 帧，输出尺寸选择 HDTV，并单击数值为 1280×720 的按钮，如图 2-21 所示。

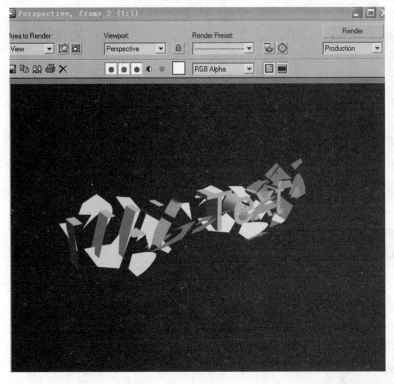

✪ 图　2-20

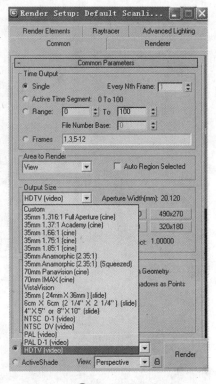

✪ 图　2-21

设置文件为 32 位像素的 TGA 格式（这将让它有透明通道），然后渲染输出为动画序列文件，这样便于进行后期的制作及修改，如图 2-22 所示。

✪ 图　2-22

2.2　波浪变形文字

首先启动 3ds max 软件，单击 Create（创建）命令面板中的 Shape（图形）创建面板，并单击 Text（文本）按钮，在前视图中绘制文字对象 Text01，然后输入文字"波浪文字"，并适当调整其文字大小等参数，字体为华文细黑，如图 2-23 所示。

在 Modify（修改）命令面板中单击 Modifier List（修改器列表）下拉框中的 Bevel（倒角）选项，如图 2-24 所示。

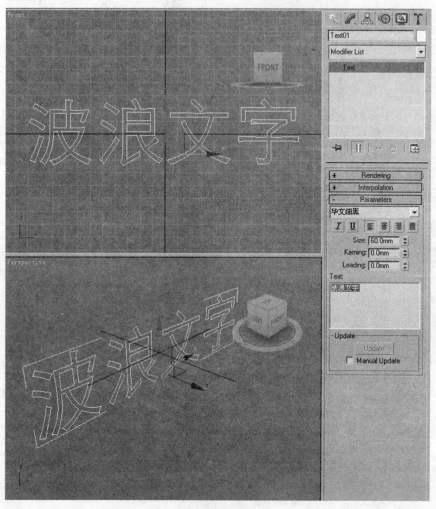

⊕ 图　2-23　　　　　　　　　　　　　　　　⊕ 图　2-24

打开其参数进行设置，具体设置数据如图 2-25 所示。

在 Create 命令面板中单击 Space Warps（空间扭曲）按钮进入其创建面板，在下拉列表中选择 Geometric/Deformable（几何/可变形）项，单击 Wave（波浪）按钮，如图 2-26 所示。

在前视图中拖曳出一个波浪对象 Wave01，并调整其位置，如图 2-27 所示。

选中 Text01，单击工具栏上的"绑定到空间扭曲"按钮，然后选择视图中的 Wave01，此时文字就产生了波浪起伏的效果，如图 2-28 所示。

在选择 Wave01 时，既可以直接在视图中单击选择，也可以按键盘上的 h 键并从弹出的选择面板中进行选择。

选择 Wave01，进入 Modify 命令面板进行操作，修改其参数，如图 2-29 所示。

其中的 Amplitude1（振幅 1）和 Amplitude2（振幅 2） 参数值分别用来定义波浪中间和两边的振幅大小；Wave Length（波长）值用来设定波浪的波长；Display（显示）选项区中的参数用来设定波浪在视图中的显示模式，与最终渲染效果无关。

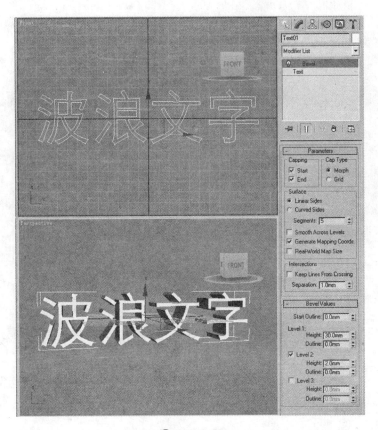

⊕ 图　2-25

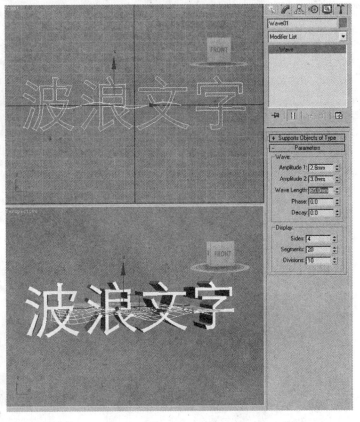

⊕ 图　2-26　　　　　　　　　　　　⊕ 图　2-27

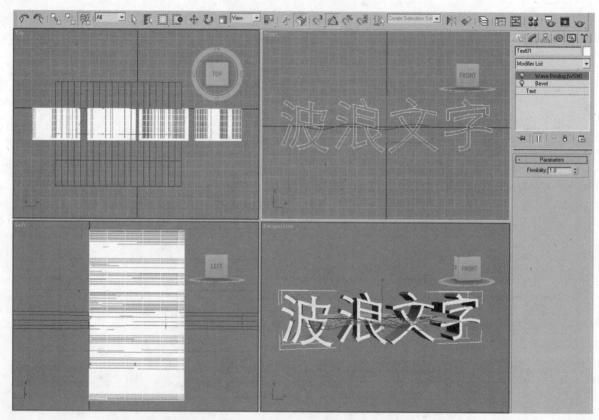

图 2-28

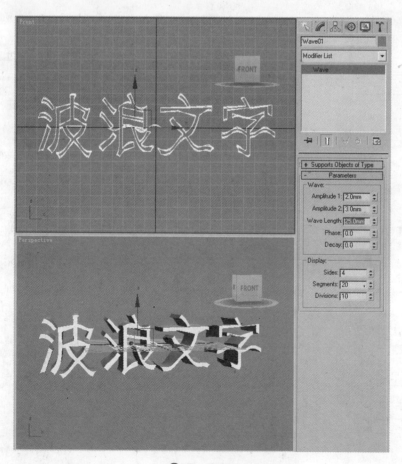

图 2-29

选中 Wave01,单击动画区中的 Auto Key(自动关键点)按钮,拖动动画滑块到第 100 帧处,调整其波长参数,如图 2-30 所示,随即再次单击 Auto Key 按钮取消动画编辑状态。

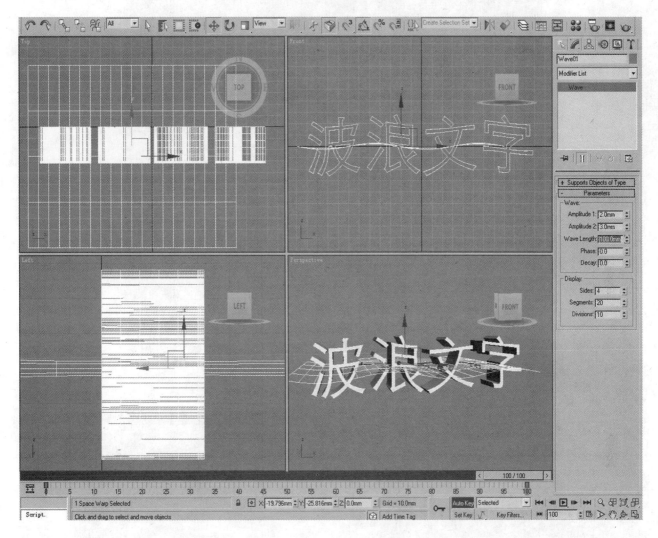

图　2-30

接着对物体添加材质贴图。单击工具栏上的 Material Editor(材质编辑器)按钮,打开其对应的面板。选择第一个材质球,打开 Maps(贴图)卷展栏,单击 Diffuse Color(漫反射颜色)后的 None 按钮,打开 Material/Map Browser(材质/贴图浏览器)面板,选择 New(新建)单选项,然后在左边列表中双击 Bitmaps(位图)贴图,为其指定一幅图片,如图 2-31 所示,再将此材质赋予 Text01。

单击 Rendering(渲染)菜单中的 Environment(环境)命令,打开对应窗口,启用环境贴图,并为其指定一幅天空图片,如图 2-32 所示。

单击工具栏上的 Render Setup(渲染场景设置)按钮,定义动画活动范围为 0 ～ 100,设置视频文件的名字和保存路径,然后渲染视图,如图 2-33 所示。

最后单击 Render(渲染)按钮,可以看到连续的动画效果,最终会输出一个动画文件,如图 2-34 所示。

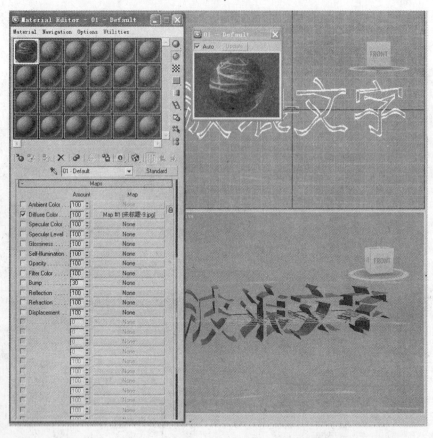

⊕ 图　2-31

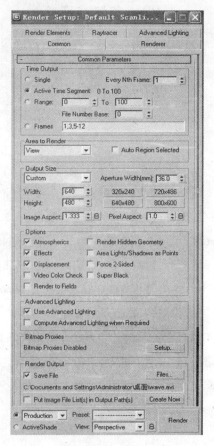

⊕ 图　2-32　　　　　⊕ 图　2-33

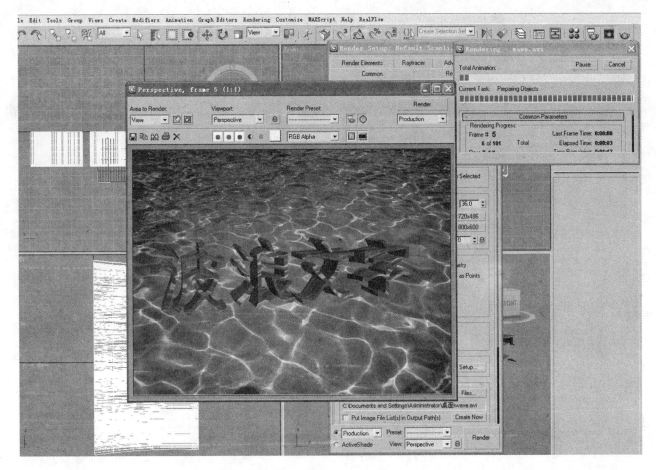

⊕ 图　2-34

2.3　爆炸镂空文字

首选选择创建命令面板下的图形选项,在视图中创建文本 3ds max Text 和一个矩形框。选择文字,进入修改命令面板,加入 Edit Spline,将文本转换成样条曲线,如图 2-35 所示。

在视图空白处右击,选择 Attach(附着)命令,在视图中单击矩形框,将其与文本合并成一个镂空图形,如图 2-36 所示。

可以通过多种方法创建镂空的文字物体,最常用的就是 Boolean(布尔)运算,但是 Boolean 运算会因物体复杂程度的不同而容易发生计算错误,产生物体的撕裂。这里使用图形工具进行制作,并对图形进行倒角处理后生成效果。

选择修改器列表中的 Bevel(倒角)命令,参数设置如图 2-37 所示,即可创建镂空的文字物体。如果出现表面畸形,需要对图形的点进行调节以修正。

按下 M 键,打开材质编辑器,在 Diffuse Color 一栏选择蓝色,制作一种蓝色金属材质并赋予文字物体。具体设置参数如图 2-38 所示。

下面几个步骤最为关键。首先创建与前一步骤同样的文本,转换成可编辑的样条曲线,并命名为 Text-PArray,如图 2-39 所示。

☝ 图　2-35

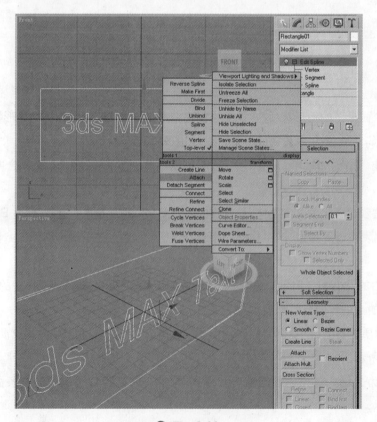

☝ 图　2-36

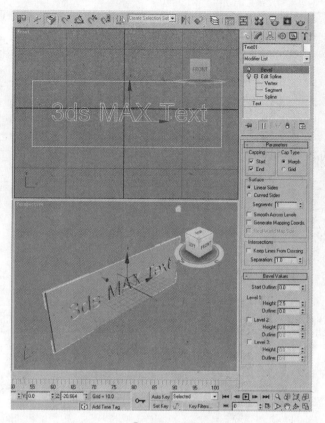

図 2-37

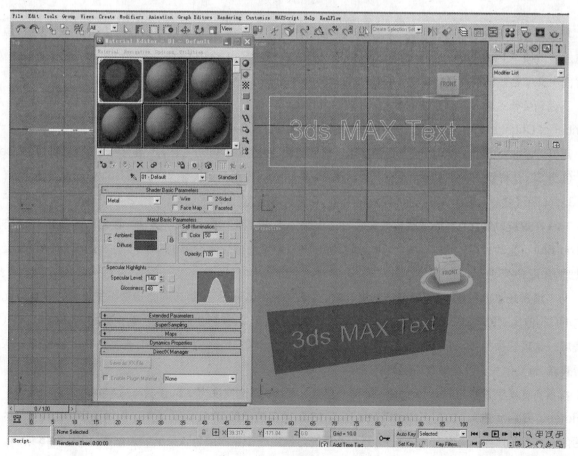

図 2-38

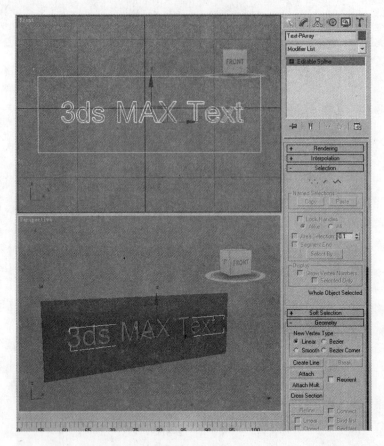

👤 图　2-39

　　单击创建命令面板中的几何体 / 粒子系统 / 粒子阵列相应按钮,在前视图中建立一个粒子阵列系统,位置可任意放置。按下 Pick Object（拾取物体）按钮,选择 Text-ParRay,选中 Object Fragments（物体碎块）选项,在视图中文字物体已被撕裂成碎块。将破裂的文字物体赋予与镂空文字物体相同的材质,如图 2-40 所示。

　　下面需要修改粒子阵列系统的参数,设置 Thickness（厚度）值为 8,这将使碎片变为有体积的碎块;选择 Number of Chunks（大块的数量）,使用默认值 100 即可,如图 2-41 所示。

　　展开 Particle Generation（粒子通用参数）项目面板,设置 Variation（变化）值为 45;设置 Divergence（分叉）值为 32,这样粒子将呈发散角度飞行;设置 Emit Start（发射开始）帧为 10, Display Until（显示的时间）为 135, Life（寿命）值为 135,这样碎块将由第 10 帧起爆裂,直至动画结束,如图 2-42 所示。

　　碎块在爆裂时最好有一定的模糊效果。右击碎块物体,进入 Properties（属性）设置;选择 Image 方式的 Motion Blur（运动模糊）处理;并将 Object Channel（对象通道）值设为 1,以便于对其进行 Glow（发光）后期处理,如图 2-43 所示。

　　为了增加场景的气氛,可以创建一盏聚光灯,置于文字物体背后,投射方向为摄像机的镜光;设置灯光颜色中的 RGB 值为（255,239,69）, Multiplier（放大倍数）值为 2,以产生较强光;选中 Far Attenuation（远处的衰减）选项区中的 Use 和 Show 选项,将其 Start 值设为 660, End 值设为 988,光将由 660 帧位置至 988 帧位置衰减,直到消失。设置参数如图 2-44 所示。

　　接着灯光类型设置为 Rectangle（矩形）灯光, Aspect 比值设为 3.5,使其与文字物体的面积近似;设置其 Hotspot/Beam 值为 15.6, Falloff/Field 值为 18.0,数值近似即可,目的是使文字物体正好落在聚光灯的照射范围内。如果要产生不同光芒的体积光,还要为聚光灯指定一个不同颜色效果的噪波贴图,如图 2-45 所示。

　　最后通过设置参数进行渲染输出,完成最终动画文件的制作。

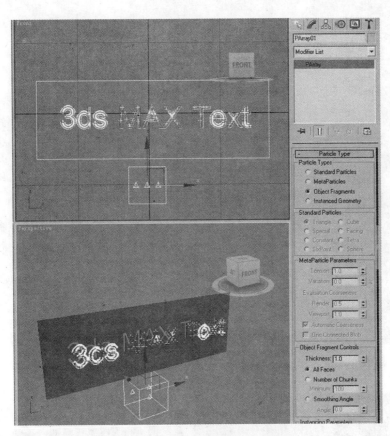

⊕ 图 2-40

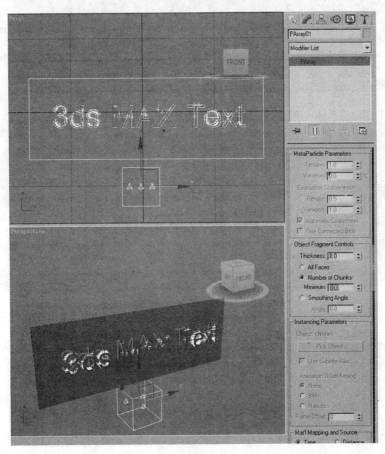

⊕ 图 2-41

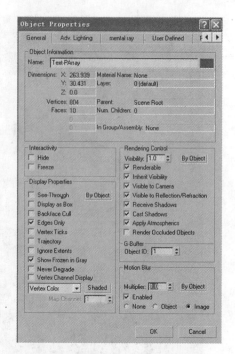

图 2-42　　　　　　　　　　图 2-43

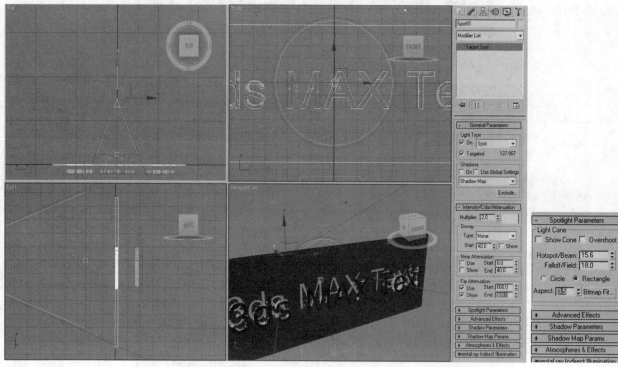

图 2-44　　　　　　　　　　图 2-45

2.4　炫光划过文字

本案例的效果是在移动炫光的情况下依次显示出文字造型,因此需要通过一个不可见的挡板物体完全遮盖住文字并随炫光一起运动,基本步骤非常简单,重点在于材质的制作和物体属性的设置,另外,还将涉及 3ds max

中非常重要的"视频合成"（Video Post）部分。

　　首先进入创建面板，单击图形类别中的 Text 按钮，在视图中输入文本"炫光文字"，如图 2-46 所示。

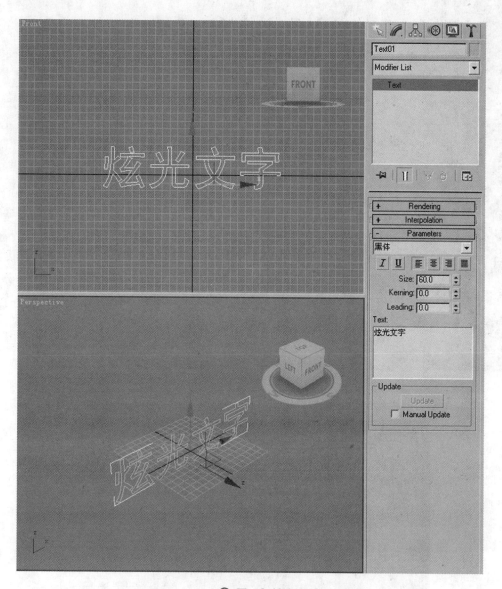

图　2-46

　　单击进入 Modifier 面板，在 Modifier　List 中选择 Bevel 命令。注意，有些笔画复杂的汉字或是在使用某些轮廓复杂的字体时，会出现无法正常生成立体造型的情况，此时需要传统的手绘方法来辅助完成。如图 2-47 所示，可以看到"文"字右下方的"又"字形笔画消失了，这是因为在黑体中"又"左上角的两笔交叉处黏合在一起，导致不能成为正常的闭合线条，要解决这一问题，除了费时的传统手绘方法外，还可以更换字体直接避开这种情况。

　　在 Modifier 下方的"已使用命令列表"中选择 Text，直接更换文本的字体为"华文细黑"即可，如图 2-48 所示。

　　继续对物体使用 Bevel 命令，将参数调至如图 2-49 所示。要注意（Level 2）中的（Outline）值不可过低，否则文字造型将可能出现破面现象。

　　制作文字造型的材质，再制作一个简单的黄色金属材质。在 Maps 列表中单击（Reflection）右侧的 None，选择 Smoke，将材质赋予文字造型，如图 2-50 所示。

图 2-47

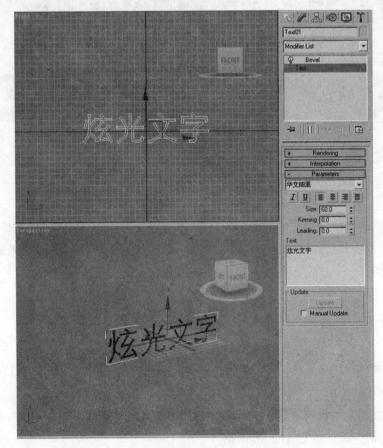

图 2-48

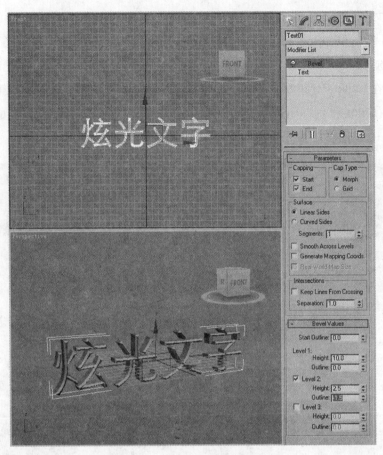

⊕ 图 2-49

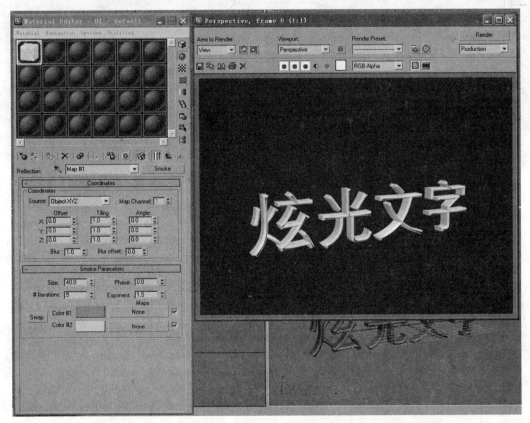

⊕ 图 2-50

为了更好地衬托文字造型,需要设置一个背景。单击菜单 Rendering/Environment and Effects,在打开的对话框中选中 Common Parameters(公用参数)中的 Use Map(使用贴图)选项。单击下方的 None 按钮,在弹出的浏览器列表中选择 Noise。打开"材质编辑器",将"Map #2(Noise)"拖至一个新的材质示例窗中,选择 Instance 并确认;在 Noise Parameters(噪波参数)中,将 Size 值设为 15.0; Low 值设为 0.3,以增强颜色 #1 的效果。颜色 #1(Color #1)的 RGB 色值为(0,75,234);颜色 #2(Color #2)的 RGB 色值为(223,237,255)。再创建一个摄像机,以便于观察效果。具体设置如图 2-51 所示。

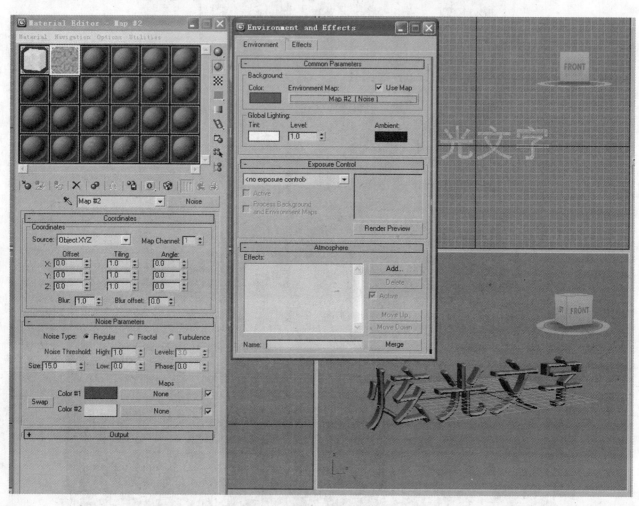

图 2-51

为了增强文字造型的立体感,可以创建一个长方体作为背板,用于接收来自文字造型的阴影,同时创建一个极薄的长方体挡板来遮盖文字造型,如图 2-52 所示。

接着制作挡板的材质,在材质编辑器中激活新的示例窗口,将其赋予 Matte/Shadow 材质,如图 2-53 所示。

确认基本参数中的 Receive Shadows 已选中,并将 Shadow Brightness 设为 0.5,以调节阴影浓度;将材质赋予背板与挡板。再创建一盏启用阴影功能的"泛光灯",效果如图 2-54 所示。

可以看出挡板在背板上也投射了阴影,现在需要去除挡板的投射阴影。激活挡板,右击,选择"属性"命令,在对开对话框的 Rendering Control(渲染控制)选项区中去除 Receive Shadows(接收阴影)和 Cast Shadows(投影阴影)的选中状态,如图 2-55 所示。

下面继续创建炫光光源。在"创建"面板中单击"辅助对象"选项面板下的 Point(点)按钮,设置在挡板左边边线的中点上,并与挡板"链接"在一起,如图 2-56 所示,它将作为炫光的发光源。

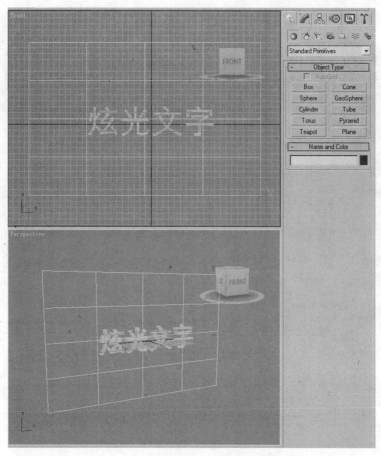

✪ 图 2-52

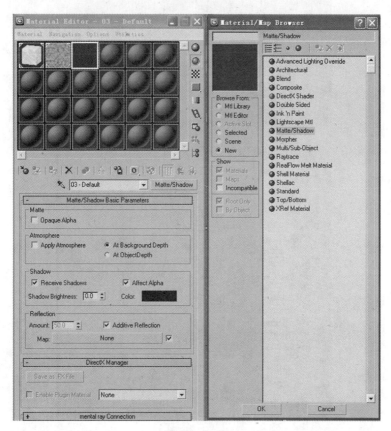

✪ 图 2-53

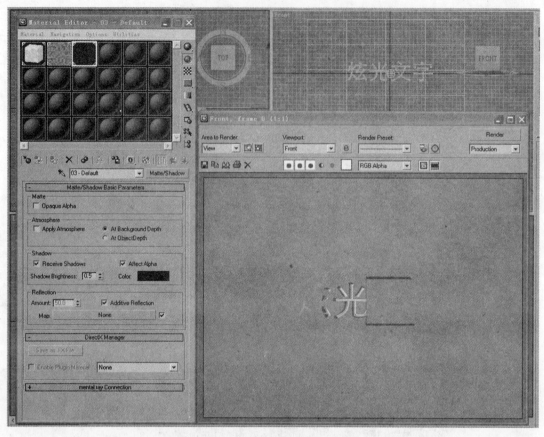

⬆ 图 2-54

⬆ 图 2-55

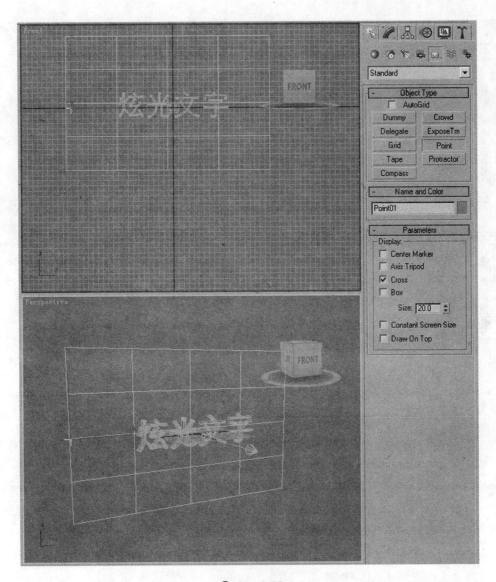

🔆 图　2-56

接着可以设置动画,激活主界面下的 Set Key(设置关键点)按钮,将当前第 0 帧场景记录为关键帧;跳至最后一帧,将挡板向右平移出摄影视线外,再按下钥匙图标按钮,将第 99 帧设为关键帧,如图 2-57 所示。

制作炫光需要使用 3ds max 中非常重要的 Video Post 工具,单击 Rendering → Video Post 命令可打开该工具,如图 2-58 所示。

在 Video Post 对话框中单击 Add Scene Event(添加场景事件)按钮,选择 Camera01 视图,然后确认,打开 Edit Scene Event 对话框,如图 2-59 所示。

单击 Add Image Filter Event(增加图像过滤事件)按钮,在列表中选择 Lens Effects Flare(镜头效果光斑),如图 2-60 所示。

单击 OK 按钮进入参数设置界面,单击 Node Sources(节点源),选择光源 Point01;再单击 OK 按钮确认,如图 2-61 所示。

单击 Add Image Output Event(添加图像输出事件)按钮,再单击 Files(文件名),设定输出动画的路径和文件名(扩展名为 .avi);对于文件压缩设置,可以根据动画质量与文件大小的要求而选择不同的压缩算法和参数,也可以同时设置多个输出文件,比较不同的效果,如图 2-62 所示。

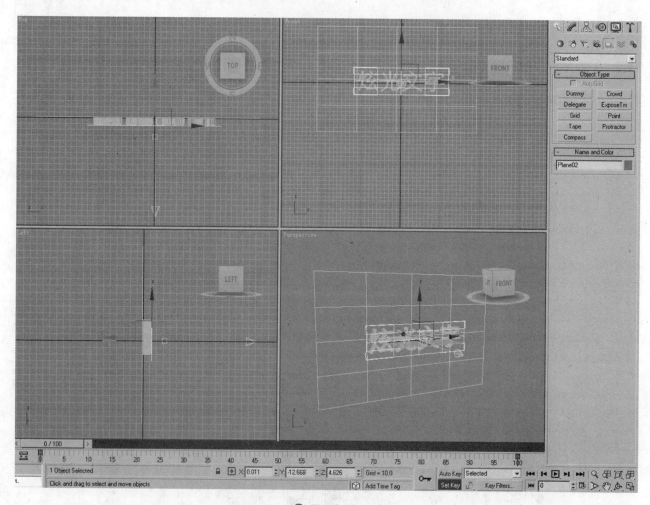

图 2-57

图 2-58

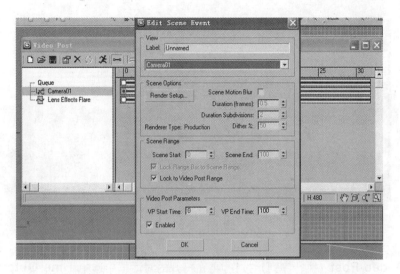

图　2-59

图　2-60

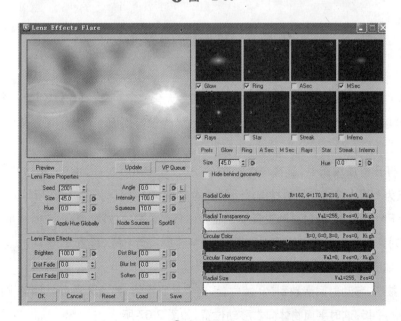

图　2-61

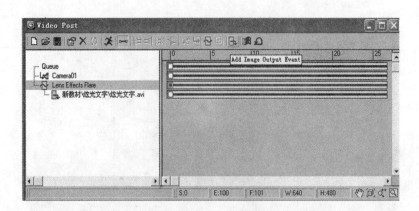

☆ 图 2-62

单击 Execute Video Post（执行序列）按钮，再在打开的对话框中选中 Time Output（时间输出）下的 Range（范围）单选按钮，再选择合适的图像尺寸，然后单击 Render 按钮，等待数分钟即可生成最终的动画效果。参数设置如图 2-63 所示。

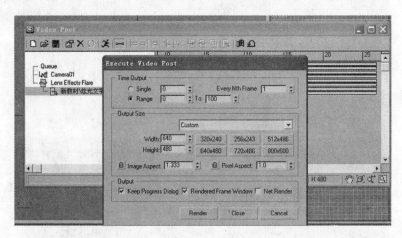

☆ 图 2-63

2.5 闪光渐显文字

打开 3ds max 软件，激活 Front 视图，按下 Z 键使视图最大化显示对象。单击"创建"按钮，选择 Plane（平面）物体，在视图中创建一个名为 Plane01 的平面。接着在"修改"面板下对该平面物体的参数进行设置，具体数值如图 2-64 所示。

接着按下 M 键，打开材质编辑器，选择一个材质球，并使用 Blinn 材质，调节 Diffuse 颜色为白色，Self-Illumination 的颜色值为 100。将修改好的材质赋予刚才的 Plane01 物体，如图 2-65 所示。

保持当前视图为 Front 视图，通过移动工具使平面物体移到合适的位置。单击"时间配置"按钮，在打开的 Time Configuration 对话框中设置其中的 Frame Rate（帧速率）为 PAL，设置 End Time（结束时间）为 200，完成后单击 OK 按钮，如图 2-66 所示。

单击 Auto Key 按钮，移动时间滑块到 20 帧位置，选中平面物体，并沿 X 轴向右调整平面的位置，在时间块下方的 X 轴选项里输入-45，这时平面物体向右移动位置，如图 2-67 所示。

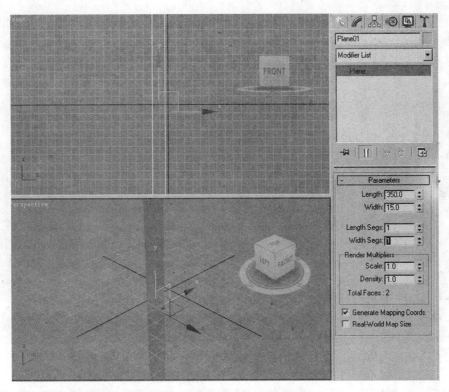

图 2-64

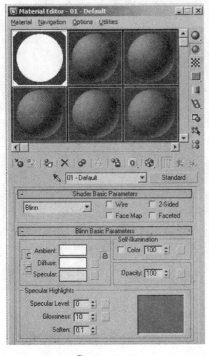

图 2-65

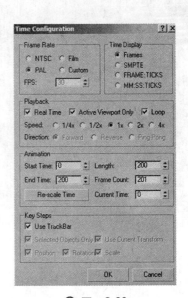

图 2-66

使用同样的方法,保持 Auto Key 按钮处于红色选中状态下,将时间滑块分别拖动到 40 帧、60 帧、80 帧、100 帧、140 帧、180 帧和 200 帧,这样平面物体的位移动画就设置完成了。位移参数仅供参考,读者可以自行调整位移幅度,直到合适为止,如图 2-68 所示。

将时间滑块移到第 0 帧,按住 Shift 键,使用移动工具选中平面物体,沿 X 轴方向移动,复制出 Plane02 物体,如图 2-69 所示。

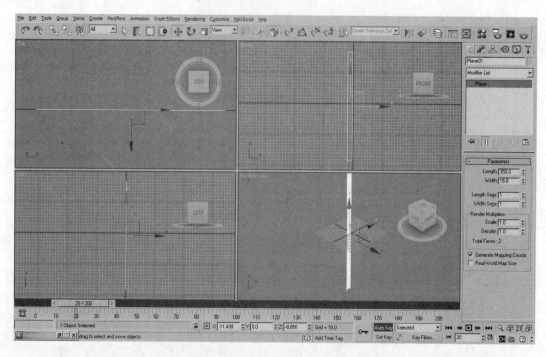

图 2-67

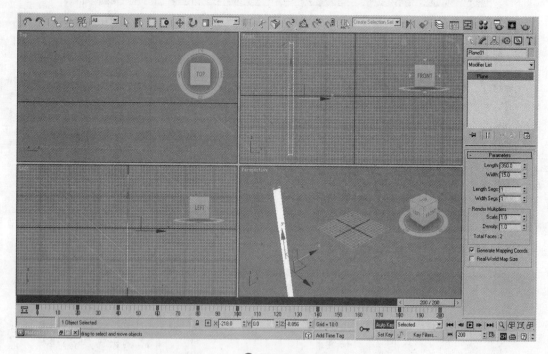

图 2-68

图 2-69

接着通过捕捉关键点方式，调整 Plane02 物体的位移动画。单击激活"关键点锁定"按钮，单击"下一关
键点"按钮，这时时间滑块会移动到第 20 帧，使用之前同样的方法沿 X 轴向右调整平面的位置，输入数值 106，
如图 2-70 所示。

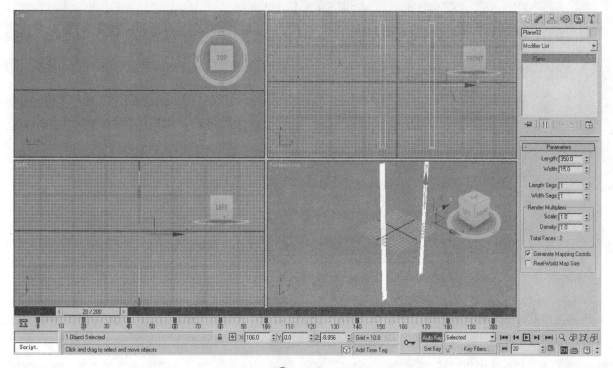

　　　　　　　　　　　　⊕ 图　　2-70

　　下面完成 Plane02 物体位移动画的制作。保持"关键点锁定"按钮处于激活状态，单击"下一关键点"按钮，
这时时间滑块移动到 40 帧，沿 X 轴方向向左调整到 -90 的位置。用同样的方法，分别将时间滑块移动到第 60 帧、
80 帧、100 帧、140 帧、180 帧和 200 帧，这样就制作了两个平面的位移动画，效果如图 2-71 所示。

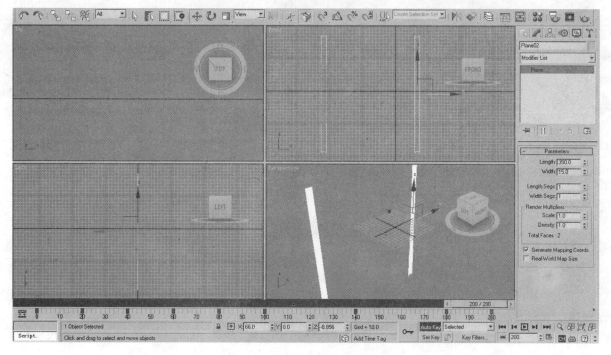

　　　　　　　　　　　　⊕ 图　　2-71

将时间滑块移动到第 0 帧,重新选择 Plane01 物体,按住键盘上的 Shift 键,沿 X 轴向右进行移动并复制出
Plane03 物体,如图 2-72 所示。

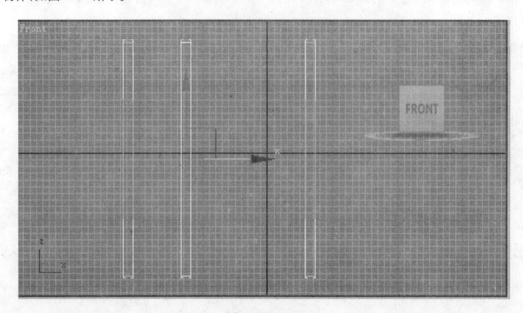

☝ 图　2-72

下面完成 Plane03 物体位移动画的制作。保持"关键点锁定"按钮处于激活状态,单击"下一关键点"按钮,
这时时间滑块移动到 20 帧,沿 X 轴方向向右调整到 200 的位置。用同样的方法,分别在第 40 帧、60 帧、80 帧、
100 帧、140 帧、180 帧和 200 帧,再单击"关键点"按钮,跳转到第 0 帧,沿 X 轴方向向右调整到 128 的位置。
这样就制作了三个平面的位移动画,效果如图 2-73 所示。

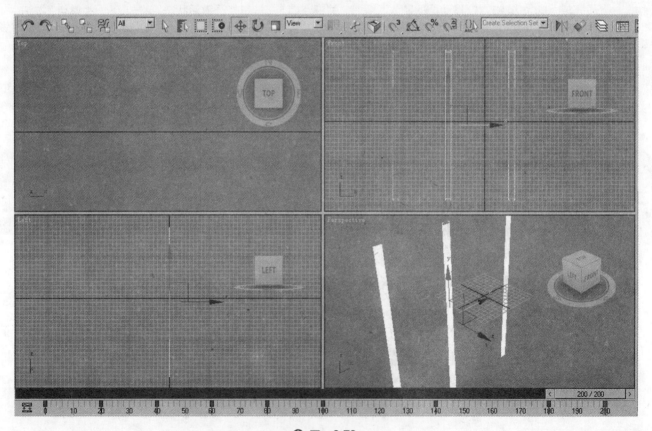

☝ 图　2-73

接着制作第 4 个平面物体的位移动画。同样将时间滑块调整到第 0 帧,选择 Plane01 物体,按住 Shift 键,沿 X 轴向右移动并复制出 Plane04 物体。在"修改"命令面板修改 Plane04 物体的宽度为 5,这样画面就有了粗细的变化,效果如图 2-74 所示。

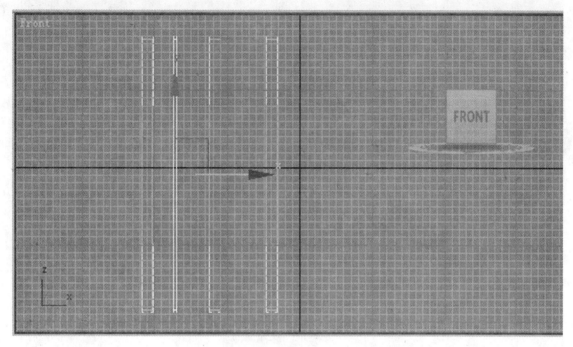

☝ 图　2-74

下面完成 Plane04 物体位移动画的制作。保持"关键点锁定"按钮处于激活状态,单击"下一关键点"按钮,这时时间滑块移动到 20 帧,沿 X 轴方向向右调整到 30 的位置。用同样的方法,分别在第 40 帧、60 帧、80 帧、100 帧、140 帧、180 帧和 200 帧,这样就制作了 4 个平面的位移动画,效果如图 2-75 所示。

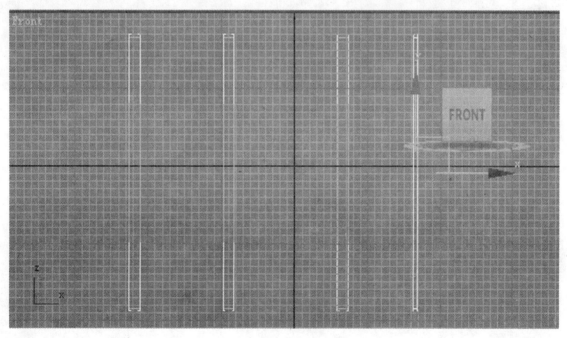

☝ 图　2-75

最后制作第 5 个平面物体的位移动画。同样将时间滑块调整到第 0 帧,选择 Plane04 物体,按住 Shift 键,沿 X 轴向右移动并复制出 Plane05 物体,效果如图 2-76 所示。

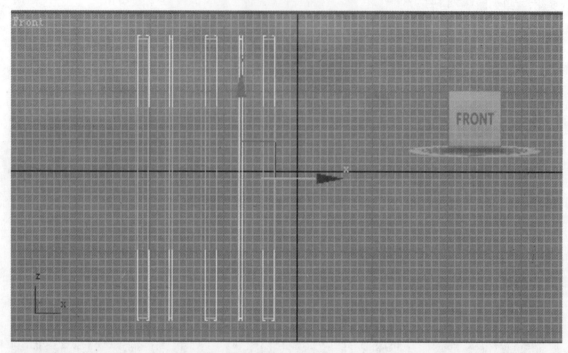

🕇 图　2-76

下面完成 Plane05 物体位移动画的制作。保持"关键点锁定"按钮处于激活状态,单击"下一关键点"按钮,这时时间滑块移动到 20 帧,沿 X 轴方向向右调整到 140 的位置。用同样的方法,分别在第 40 帧、60 帧、80 帧、100 帧、140 帧、180 帧和 200 帧,这样就完成了所有平面位移动画的制作,效果如图 2-77 所示。

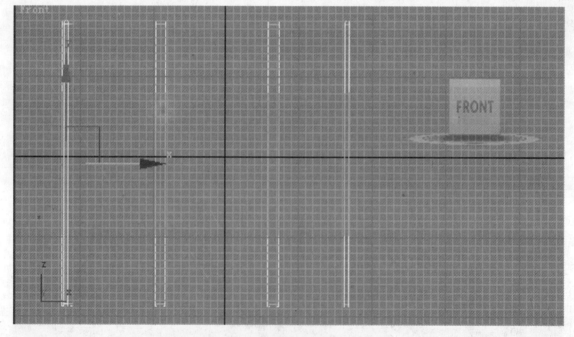

🕇 图　2-77

完成位移动画后，再次单击 Auto Key 按钮，取消"自动关键点"按钮的选中状态。打开工具栏里的 Curve Editor（曲线编辑器）对话框，在左侧视图的选择框里，找到 Plane02 节点下的 Object（Plane）选项，并将其展开，然后选择 Width 项，单击"添加关键点"按钮，在第 160 帧处单击，添加关键点，如图 2-78 所示。

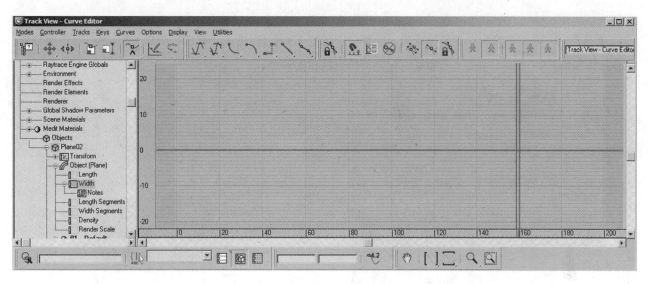

✪ 图 2-78

继续将时间滑块移到 200 帧处，同样单击"添加关键点"按钮，在添加的关键点上右击，打开 Plane02 → Width 选项，设置 Value 的数值为 476，这时该平面会放大。具体数值可以自己设定，直到满意为止，如图 2-79 所示。

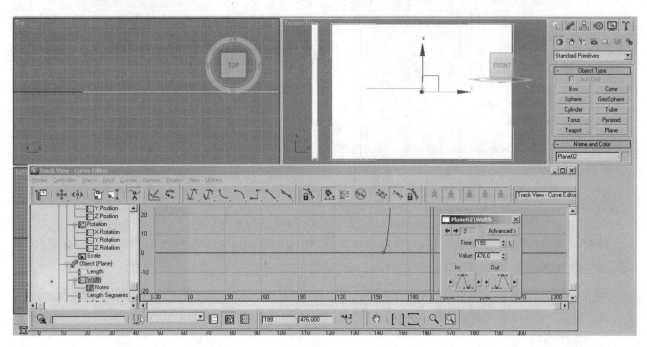

✪ 图 2-79

接着需要输出这段动画效果。单击"渲染场景"按钮，打开 Render Setup 对话框，选中 Active Time Segment：0 to 200 单选项；在 Render Output 选项区，单击 File 按钮，在打开的 Render Output Files 对话框中，指定输出文件的保存路径，同时设置名称、文件格式为 TGA 的图片序列，单击 Save 按钮，在打开的 TGA Image Control 对话框中，单击 OK 按钮。返回到 Render Scene 界面，选择 Front 视图，最后单击 Render 按钮，即可输出动画，如图 2-80 所示。

输出 TGA 图片文件是为了方便后面进行贴图的添加。在制作过程中,必须在最后的 40 帧(160 ~ 200 帧)为某一平面物体制作由局部到全屏的显示效果,否则,之后文字的渐显效果将无法实现。

等 TGA 图片渲染好后,可以先保存文件,然后选择菜单中的 File → Reset 命令,进行软件的重置。单击"时间配置"按钮,设置 Frame Rate 为 PAL,设置 End Time 为 200,单击 OK 按钮完成操作。

单击 Front 视图并最大化显示该视图。接着创建新的平面物体,进入"修改"命令面板,进行参数的设置,具体数值如图 2-81 所示。调整好参数后可以进行适当的位置调整。

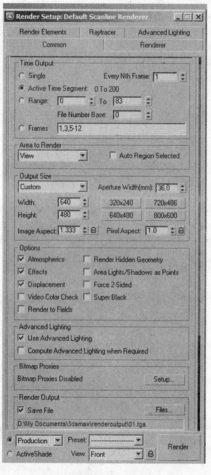

⊕ 图 2-80

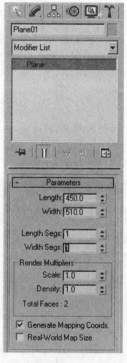

⊕ 图 2-81

按下 M 键,打开材质编辑器对话框,选择材质球,在 Blinn Basic Parameters 卷展栏参数设置中,单击 Diffuse 色块按钮,设置 RGB 颜色为 (215,120,0),如图 2-82 所示。

在"创建"命令面板单击 Shapes 选项卡中的 Text 按钮,并输入文字,文字的具体设置如图 2-83 所示。

在"修改"命令面板中单击修改器列表里的 Extrude 选项,设置其中的 Amount 选项值为 3,这时文字变为立体的,如图 2-84 所示。

按下 M 键,选择一个材质球,单击 Blinn Basic Parameters 卷展栏中的 Diffuse 色块按钮,设置 RGB 数值均为 255。在 Shader Basic Parameters 展卷栏里选中 2-Sides 选项;单击 Opacity 右侧的空白按钮,选择 Bitmap 选项,在弹出的 Select Bitmap Image File 对话框中选择之前保存的平面位移动画的 TGA 序列图片的第一张,并选中 Sequence(序列)选项,单击"打开"按钮;在 Image File List Control 对话框中设置 Start Frame 为 0、End Frame 为 200,单击 OK 按钮完成设置。单击"赋予选定对象材质"按钮,将此材质赋予文字。指定序列图片为不透明通道的贴图,如图 2-85 所示。

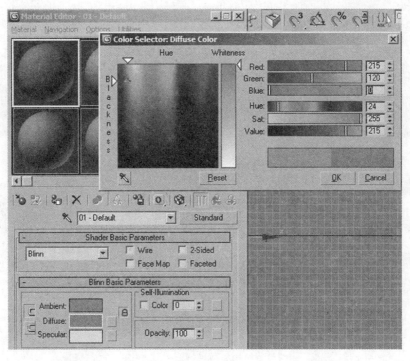

⊕ 图　2-82

⊕ 图　2-83　　　　　　　　　　　　　⊕ 图　2-84

　　最后,可以输出完整的动画效果。单击 Front 视图,再打开 Render Setup 对话框,选择 "Active Segment：0 to 200" 选项。打开 Render Output Files 对话框,指定输出路径,设置文件名字,然后选择文件格式为 AVI,单击 "保存" 按钮,在打开的 AVI File Compression Setup 对话框里单击 OK 按钮；返回到 Render Setup 对话框,单击 Render 按钮,即可进行动画视频文件的输出,渲染效果如图 2-86 所示。

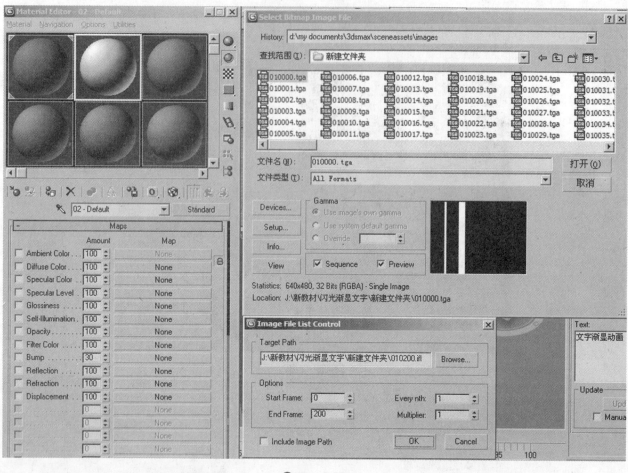

图 2-85

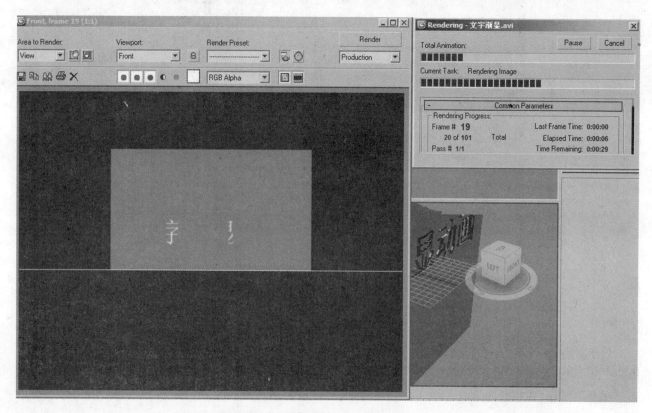

图 2-86

2.6　卷展运动文字

首先打开 3ds max 软件,激活 Top 视图。单击"创建"→"几何体"→"平面"按钮,在视图里创建一个平面物体。单击"修改"按钮,进入"修改"命令面板,在 Parameters 卷展栏下,设置 Length 为 600、Width 为 800、Length Segs 和 Width Segs 均为 1,然后最大化显示平面物体,如图 2-87 所示。

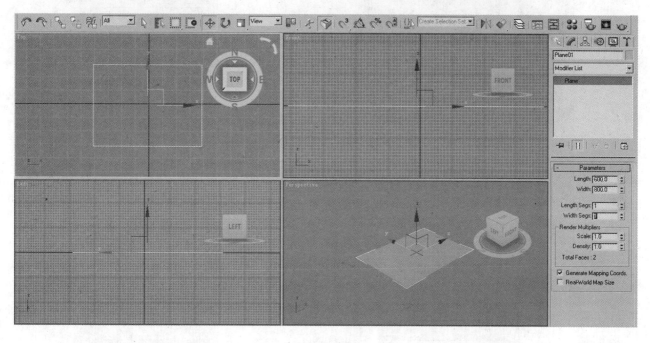

⊕ 图　2-87

按下 M 键,打开 Material Editor 编辑器对话框,选择一个材质球,在 Blinn 材质下,设置 Diffuse 颜色为 RGB (230,170,86)。展开 Maps 卷展栏,为 Diffuse Color 选项对应贴图中添加一张"宣纸"的位图文件,并设置其 Amount 数值为 80。选择平面物体,单击"将材质赋予选定对象"按钮,为平面物体赋予材质,如图 2-88 所示。

接着单击创建→图形→文字按钮,在 Parameters 卷展栏下选择字体为楷体,设置文字大小为 80,再输入文字"展卷文字动画",在 Top 视图中创建文字 Text01,如图 2-89 所示。

单击进入修改命令列表,为文字添加 Extrude 修改器,设置 Amount 数值为 3,如图 2-90 所示。

接着在修改器列表中为文字添加一个 Bevel 修改器,设置 Level 1 的 Height 为 2;设置 Level 2 的 Height 为 1,Outline 为 -1;注意它的类型 Cap Type 为 Grid 方式,这样会产生大量的表面精细划分,以便于将来卷曲时保持圆滑,如图 2-91 所示。

按下 M 键,打开"材质编辑器"对话框,选择新的材质球,在 Blinn Basic Parameters 卷展栏下将 Diffuse 颜色的 RGB 值设为 (230,0,0)。选择文字并单击"将材质赋予指定对象"按钮,将此材质赋予文字。使用移动工具,调整文字的位置合适为止,如图 2-92 所示。

接着制作卷展动画,单击 Time Configuration 按钮,在打开的对话框中设置 Frame Rate 为 PAL,设置 Animation 选项区下的 End Time 为 200,单击 OK 按钮,这样动画时间长度就设置为 200 帧,如图 2-93 所示。

单击"修改器列表"卷展栏,为 Text01 文本添加 Bend(弯曲)修改器,在 Parameters 卷展栏下,设置 Angle 为 -600,指定 Bend Axis 为 X 轴;选中 Limits 选项区下的 Limit Effect 项,设置 Upper Limit 为 1000,如图 2-94 所示。

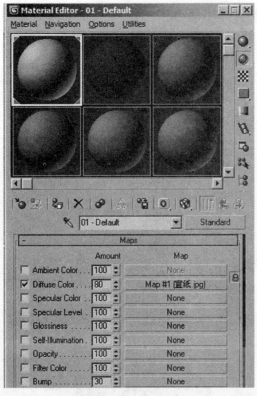

图 2-88

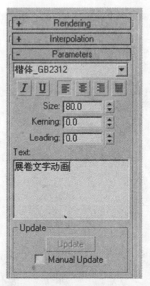

图 2-89

图 2-90

图 2-91

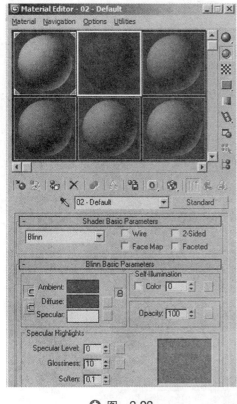

图 2-92

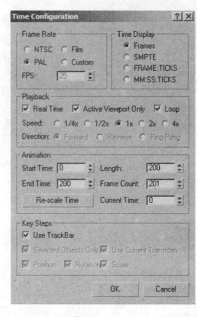

图 2-93

图 2-94

单击 Auto Key 按钮，激活自动关键帧命令，在时间滑块的第 0 帧，进入 Bend 的 Center 次物体级别，使用移动工具将次物体沿 X 轴向左移动到平面物体的外侧，如图 2-95 所示。

拖动时间滑块到第 150 帧，沿 X 轴向下移动 Center 次物体，直到文字完全展开为止。单击 Auto Key 按钮，取消自动关机帧命令，如图 2-96 所示。

移动画时间滑块到 90 帧，按下 F9 键，对透视图进行快速渲染，渲染效果如图 2-97 所示。

最后设置动画文件输出格式以及保存路径，单击 Render 按钮进行动画输出。

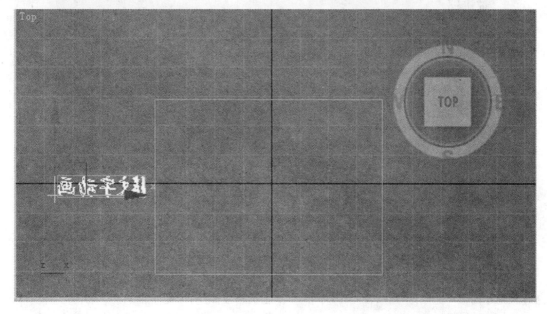

图 2-95

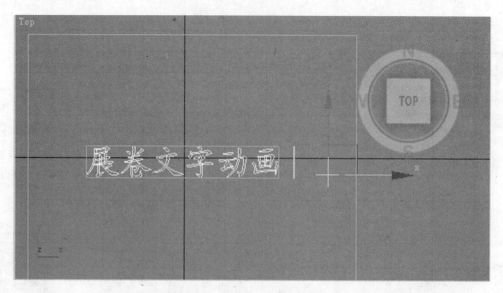

△ 图 2-96

△ 图 2-97

2.7 霓虹灯文字

首先进入创建面板下的图形按钮,使用 Text 和 Line 工具建立如图 2-98 所示的文字和图形。

接着全选这些文字和图形,右击,打开属性快捷菜单,如图 2-99 所示。

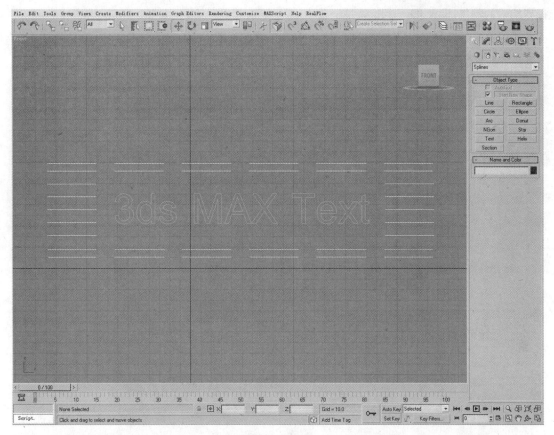

图 2-98

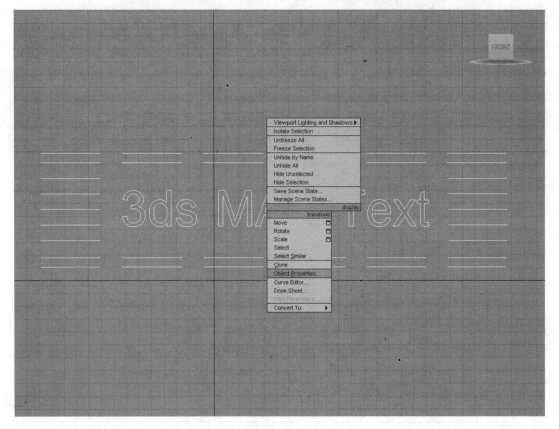

图 2-99

选择要编辑的物体,设置 ID 号。这里是全选物体,也可选其中一部分,如图 2-100 所示。

下面需要对这些线段图形进行渲染设置,选中 Rendering 菜单的 Enable In Renderer 命令选项,这样这些图形线段也会被最终渲染,如图 2-101 所示。

图 2-100

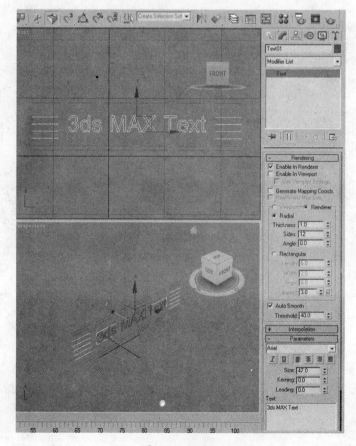

图 2-101

接着选择 Video Post 命令打开对应的 Video Post 对话框,如图 2-102 所示。

图　2-102

单击"添加场景事件"按钮,在打开的对话框中选择 Perspective 场景,如图 2-103 所示。

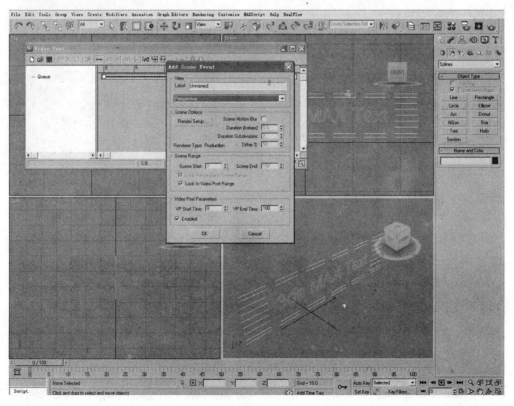

图　2-103

影视包装特效——3ds max 制作技法

再单击 Add Image Filter Event 事件，选择 Lens Effects Glow 效果，如图 2-104 所示。

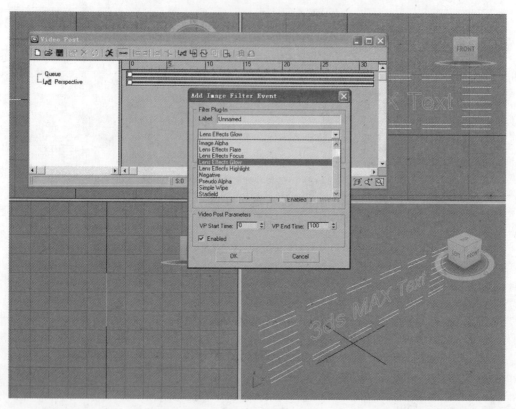

🔆 图　2-104

双击列表里的 Lens Effects Glow 名称，打开 Edit Filter Event 对话框，单击 Setup 项，如图 2-105 所示。

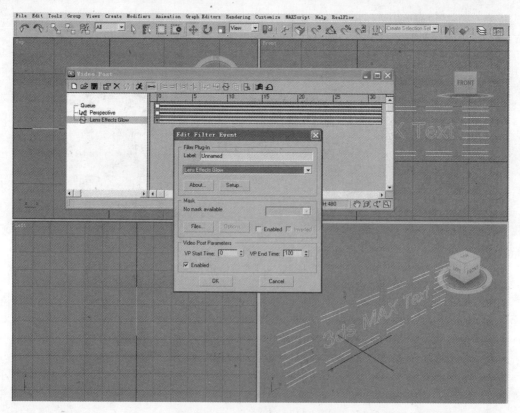

🔆 图　2-105

这时会打开 Lens Effects Glow 对话框，选中下面 Object ID 并将其值设为 1 ，然后单击 Preview 按钮，即可预览效果，如图 2-106 所示。

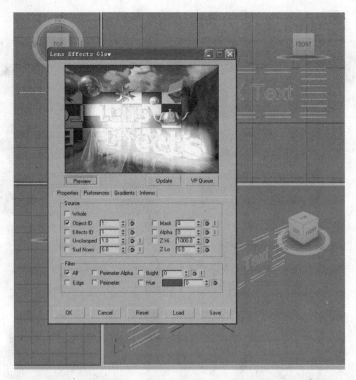

⊕ 图 2-106

现在应该看到如图 2-107 的画面，单击打开 Preferences 选项卡，调节相应参数数值，然后单击 OK 按钮。

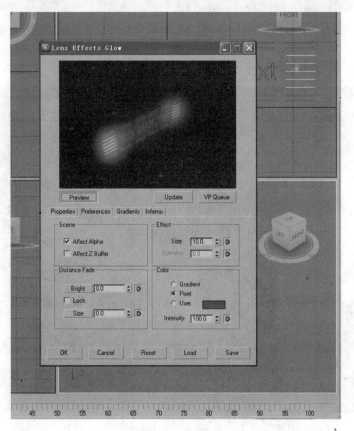

⊕ 图 2-107

以上这些都确认后,可以渲染输出最终的霓虹灯效果。单击 Execute Video Post 按钮,在打开对话框的 Time Output 选项区里选择 Single,Output Size 选项区使用软件默认设置即可,接着选 Keep Progress Dialog(保留进度条对话框）选项,最后单击 Render 按钮,如图 2-108 所示。

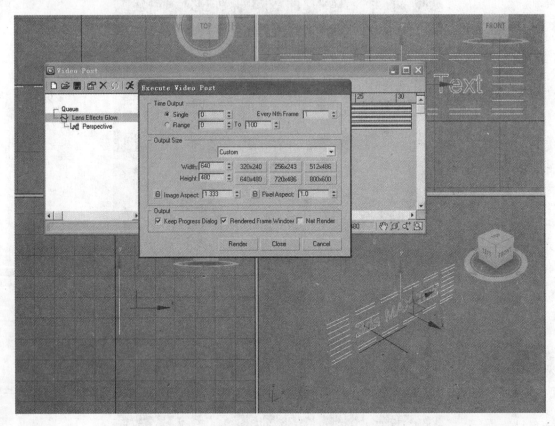

✿图　2-108

最后渲染效果参考如图 2-109 所示。

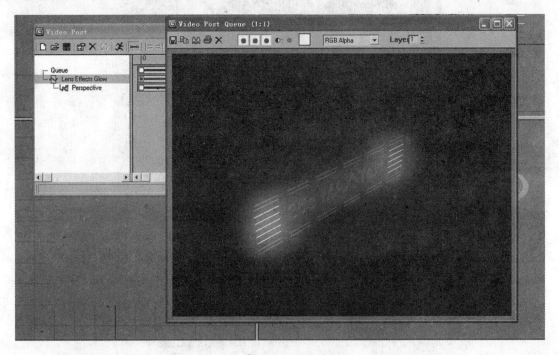

✿图　2-109

第3章
三维影视动画特效制作

本章的学习目标是让读者能够使用 3ds max 软件制作常用三维影视动画场景的特效,重点是掌握 3ds max 软件的材质贴图修改器工具的使用方法、多种粒子特效工具的使用方法。

3.1　雪景特效制作

通过"创建"命令面板创建一个 Plane 平面,参数如图 3-1 所示。

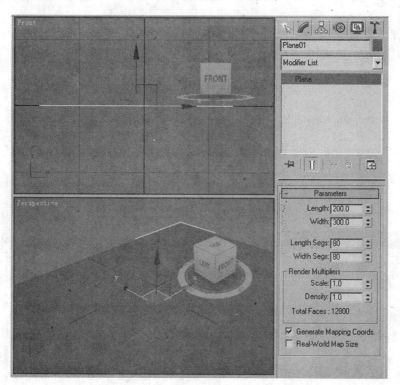

❄ 图　3-1

接着在修改器命令面板卷展栏中选择一个 Displace 修改器赋予该平面物体,如图 3-2 所示。

按下 M 键,打开材质编辑器,在 Displacement(置换)通道里赋予一个 Mask 贴图,如图 3-3 所示。

接着在遮罩面板对应的 Mask Parameters 卷展栏中的贴图通道里赋予 Noise 贴图,效果如图 3-4 所示。

然后回到第上一级材质,把此 Mask 贴图拖入修改命令面板的 Displace 修改器的 Map 通道里,并使用关联复制,如图 3-5 所示。

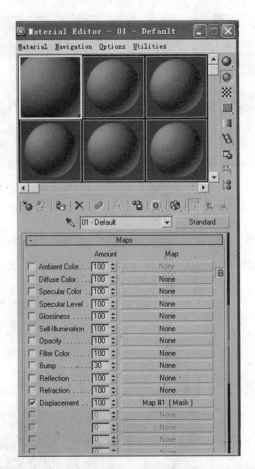

❀ 图 3-2

❀ 图 3-3

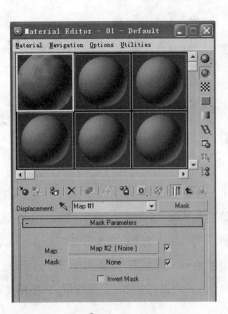

❀ 图 3-4

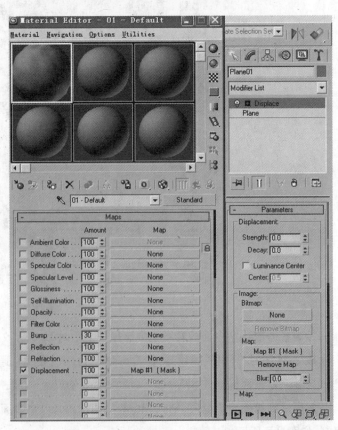

❀ 图 3-5

下面调节 Mask 贴图的 Noise 参数，选择 Noise Parameters 卷展栏进行设置，具体数值参考如图 3-6 所示。

可以调整 Displace 修改器的参数，直到效果满意为止，具体数值参考图 3-7。

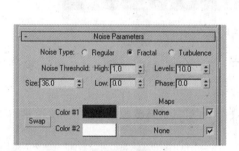

⬆ 图　3-6

⬆ 图　3-7

然后回到材质编辑器，在刚才的 Mask 贴图里再加入一个 Mask 贴图，如图 3-8 所示。

接着单击 Mask 贴图，进入如图 3-9 所示的通道选项。

在 Map 贴图通道在赋予一个 Noise 贴图，如图 3-10 所示。

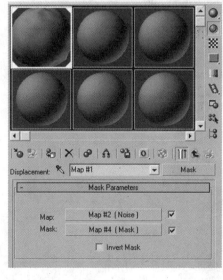

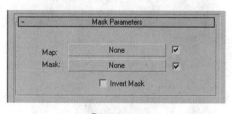

⬆ 图　3-9

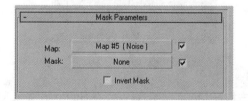

⬆ 图　3-8

⬆ 图　3-10

这样场景就制作完成了。回到 Maps 卷展栏，在 Diffuse 选项中加入一个山的贴图。选择平面物体，单击材质编辑器的"赋予指定对象材质"按钮，将此材质赋予平面。按 F9 键快速渲染场景，效果如图 3-11 所示。

图 3-11

接着制作雪的效果。复制一个山体平面物体，打开材质编辑器选项，选择一个新的材质球，单击来添加 Top/Bottom 材质类型，单击 OK 按钮完成设置，如图 3-12 所示。

单击 Top Material 选项的长条按钮，进入材质修改选项，对其进行参数的调整，数值设置如图 3-13 所示。

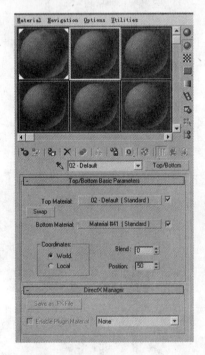

图 3-12

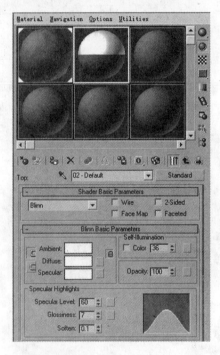

图 3-13

单击打开 Maps 贴图卷展栏，在 Bump 通道加入一个 Mask 贴图，如图 3-14 所示。

在此 Mask 贴图的 Map 通道里加入 Cellular 贴图，Mask 通道里加入 Noise 贴图，如图 3-15 所示。

单击返回到 Top/Bottom 级别，调节 Blend 和 Position 两个选项的参数，分别控制混合效果以及位置的变化，具体参数设置如图 3-16 所示。

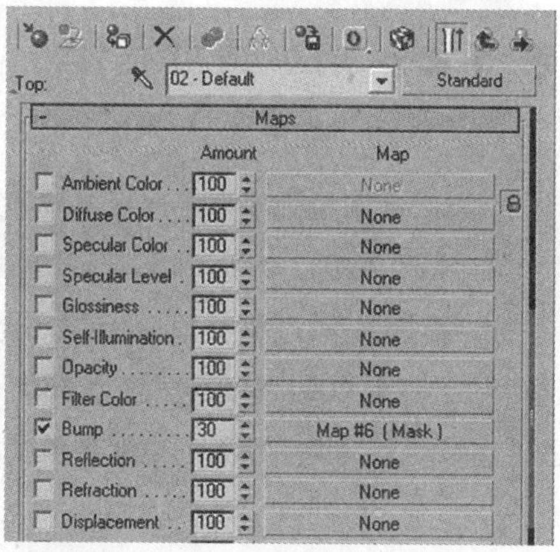

图 3-14

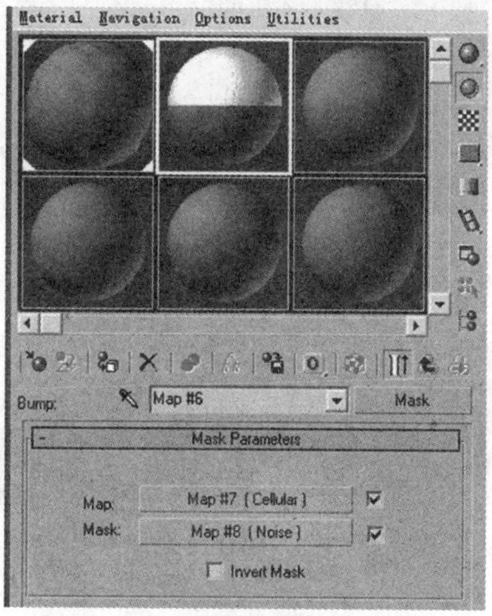

图 3-15

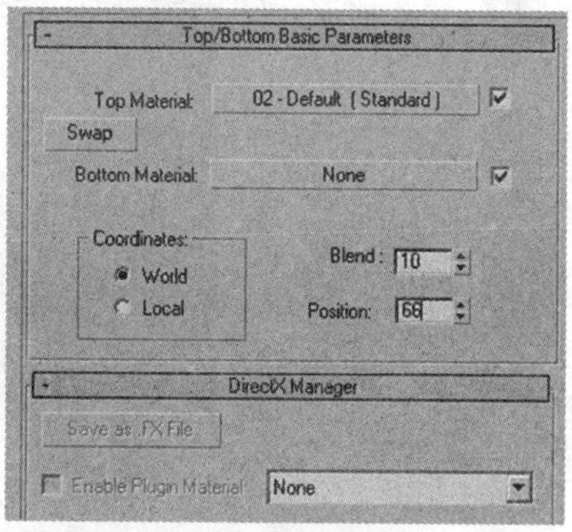

图 3-16

调整完毕，雪景就制作完成了。复制山体平面物体，单击材质编辑器的“赋予指定对象材质”按钮，将此材质赋予平面。按键盘的 F9 键快速渲染，最终效果如图 3-17 所示。

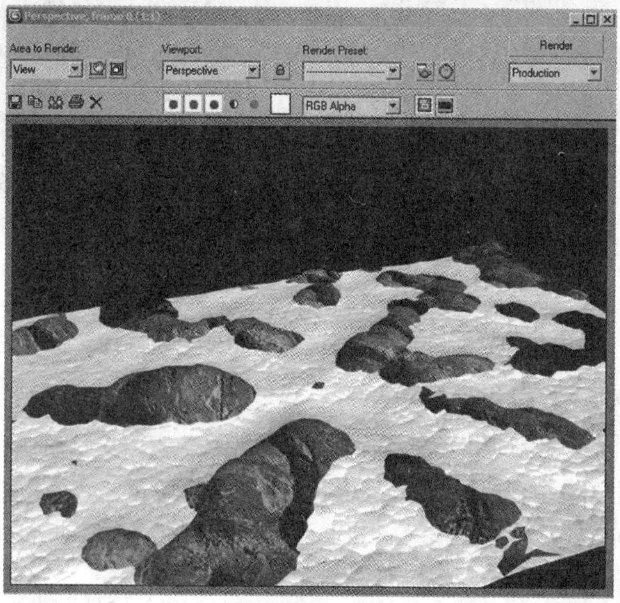

图 3-17

3.2 雨水特效制作

进入创建命令面板,单击"几何体"按钮,在下拉列表框中选择"粒子系统",进入创建粒子系统面板,单击"Super 超级喷射",在视图区中新建喷射实例 Spray01,如图 3-18 所示。

选择喷射实例 Spray01,进入修改命令面板,修改喷射参数,视窗粒子数为 80000,渲染粒子数为 80000,水滴大小为 1,速度为 80,开始时间为 −50,粒子寿命 400,发散器宽度为 760、长度为 360,如图 3-19 所示。

单击"Perspective 透视"视图,使用移动工具调整喷射的位置和角度,使下雨的感觉真实、明显,如图 3-20 所示。

🔂 图 3-18

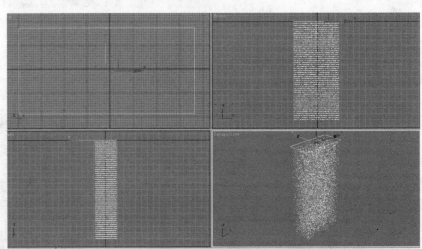

🔂 图 3-19

🔂 图 3-20

在键盘上按 M 键,打开"材质编辑器"面板,选择一个材质样本示例球。设置 Diffuse 颜色参数以及自发光颜色,然后单击"赋予材质按钮",如图 3-21 所示。

选择"Spray01 喷射器",右击,在弹出的列表中选择"属性",进入其属性面板,修改参数如图 3-22 所示。

选择"渲染"→"环境"菜单命令,打开"环境"属性面板。单击"背景"栏中的 None 按钮,打开"材质/贴图浏览器"面板,选择"选择目录"栏中的"新建"单选按钮,在其右边的列表中双击"位图"贴图,选择一张背景贴图,如图 3-23 所示。

然后开始渲染并输出动画,如图 3-24 所示为渲染其中一帧的画面效果。

⬆ 图 3-21

⬆ 图 3-22

⬆ 图 3-23

⬆ 图 3-24

3.3 落叶特效制作

首先在视图中创建一个平面物体 Plane01，参数设置如图 3-25 所示。

单击修改列表，为此平面添加 Noise 噪波修改器，参数设置如图 3-26 所示。

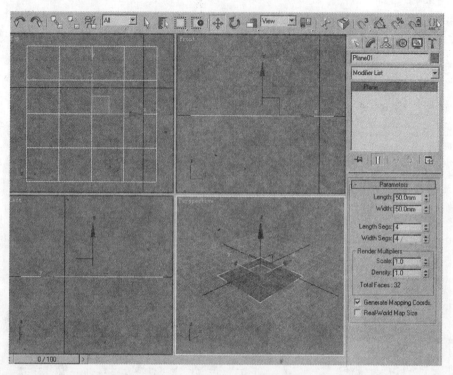

⊕ 图 3-25

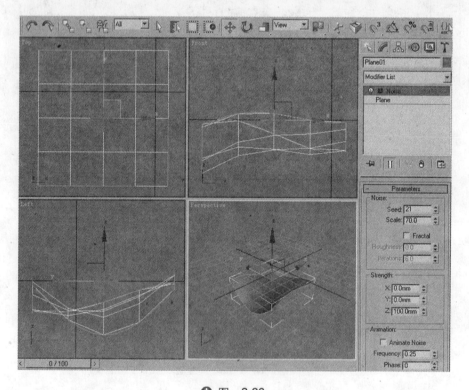

⊕ 图 3-26

在键盘上按 M 键,打开材质编辑器,单击一个材质球,打开 Opacity 选项(不透明度),找到 Bitmap 位图选项,选择树叶图片,如图 3-27 所示。

退回上一层级,选择 Diffuse 选项,找到 Bitmap 位图选项,选择另一树叶图片,如图 3-28 所示。

选中平面物体,单击"赋予材质"按钮,把材质赋予平面,单击"显示"按钮显示物体,如图 3-29 所示。

按下 F9 键进行快速渲染,可以看到叶子背景是透明的,如图 3-30 所示。

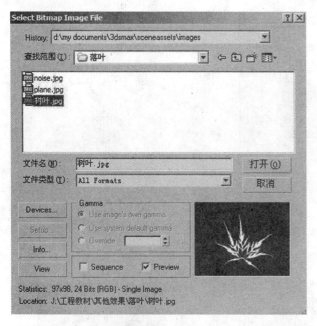

❂ 图 3-27

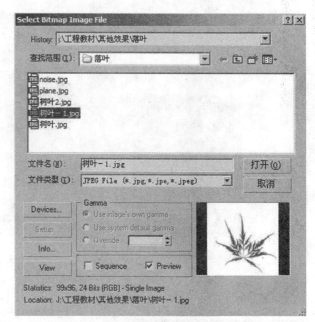

❂ 图 3-28

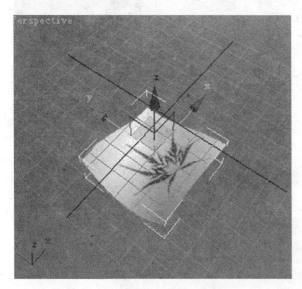

❂ 图 3-29

❂ 图 3-30

在"创建"命令面板中,单击找到粒子系统选项,单击 Blizzard(暴风雪效果)按钮,如图 3-31 所示。

对粒子进行修改,使其以 100% 的实体显示,并调整发射数量,如图 3-32 所示。

设置粒子在 100 帧结束,粒子活力为 100,衰减时间为 0,如图 3-33 所示。

接着指定树叶为发射物体,如图 3-34 所示。

单击 Pick Object(拾取物体)按钮,选中树叶模型,如图 3-35 所示。

再次按 F9 键查看效果。这时还没有出现树叶效果,如图 3-36 所示。

单击 Get Material From(拾取材质)按钮,如图 3-37 所示。

再次按 F9 键查看效果,这时出现树叶效果,如图 3-38 所示。

在顶视图中再建立一个 Plane 平面物体,参数设置如图 3-39 所示。

单击创建面板中的 Space Warps(空间扭曲)按钮,在下拉扩展栏里单击 Deflectors 导向板命令,如图 3-40 所示。

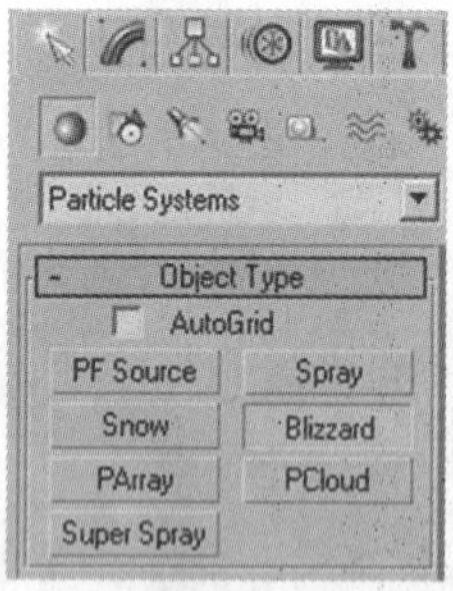

图 3-31

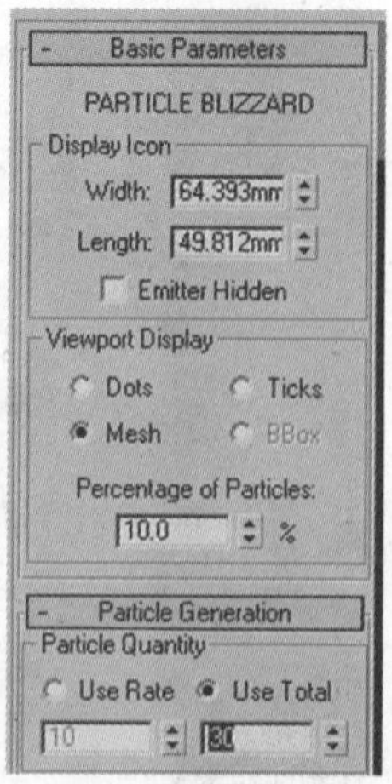

图 3-32

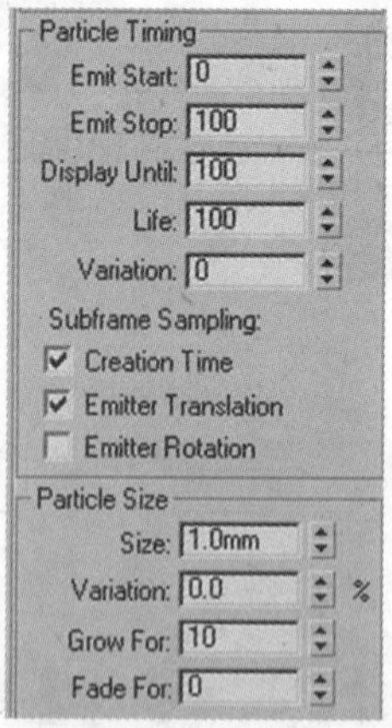

图 3-33

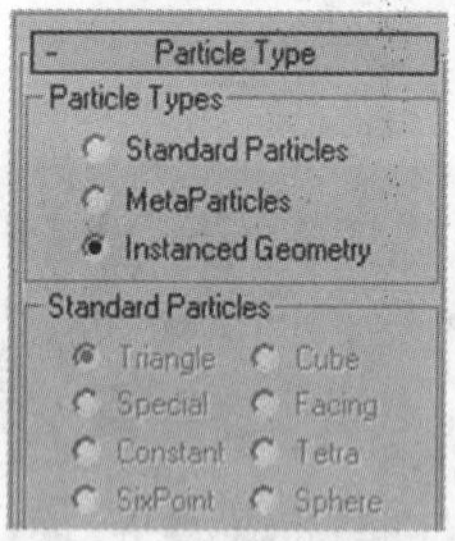

图 3-34

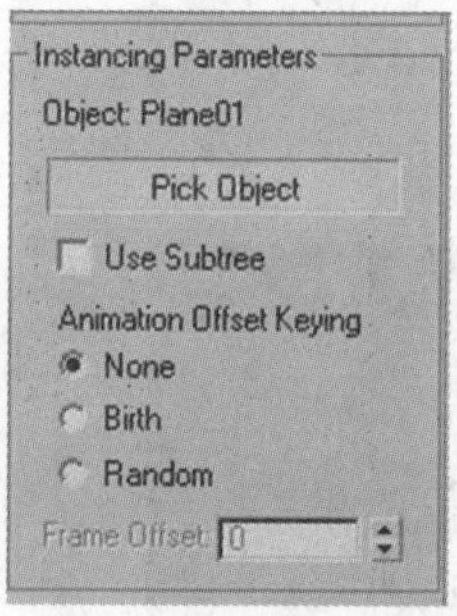

图 3-35

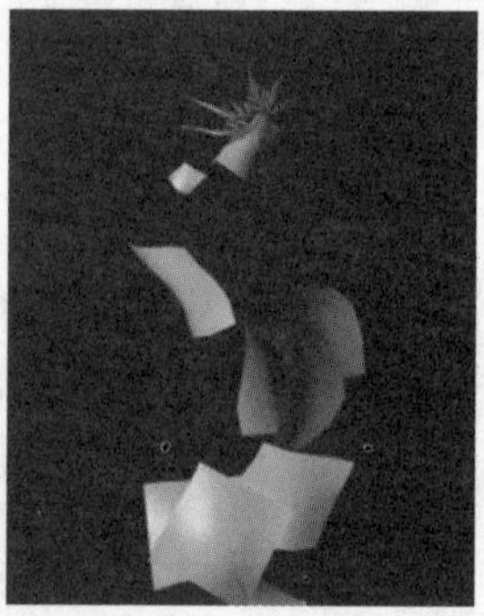

图 3-36

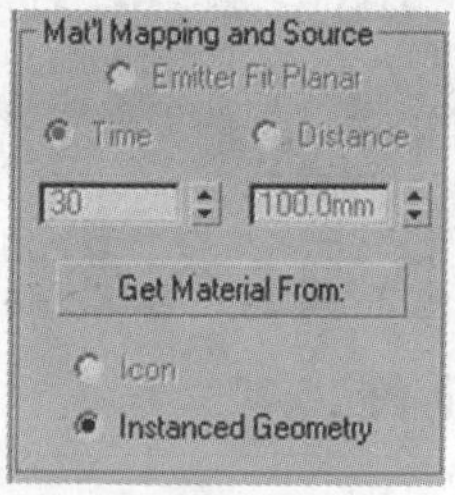

图 3-37

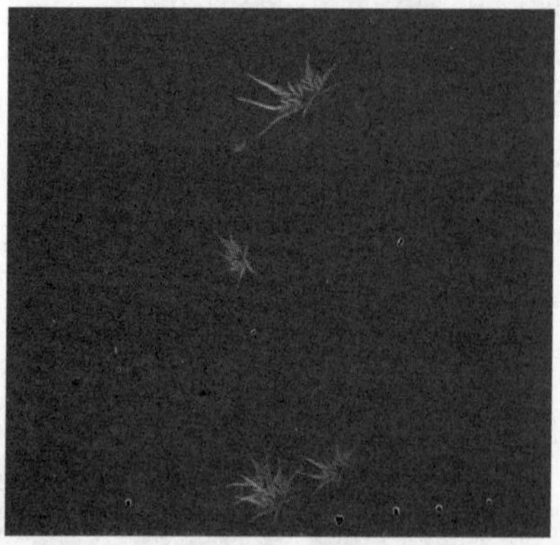

图 3-38

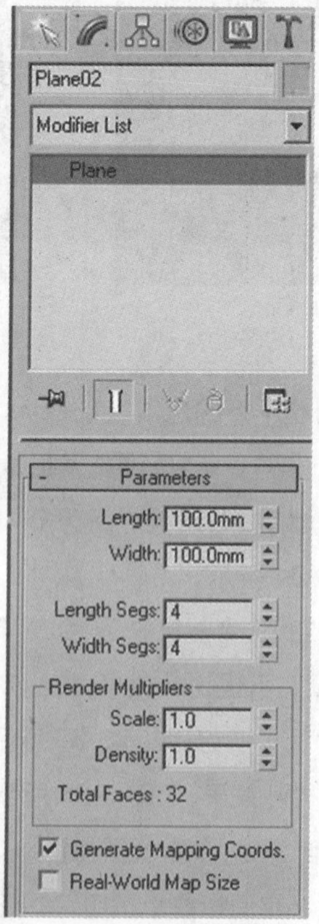

图 3-39

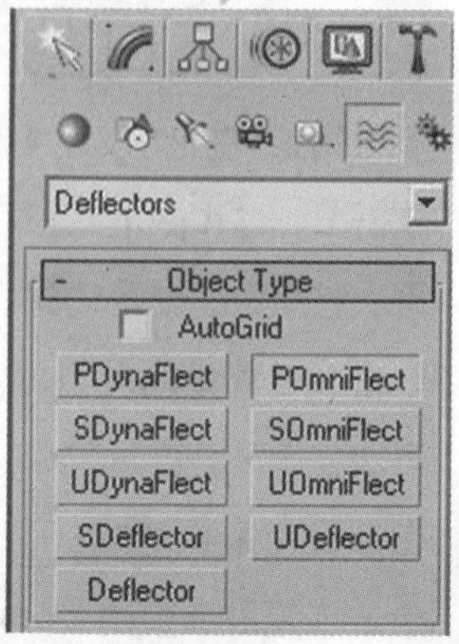

图 3-40

加入的导向板应和 Plane02 一样大，但要略高于 Plane02，如图 3-41 所示。

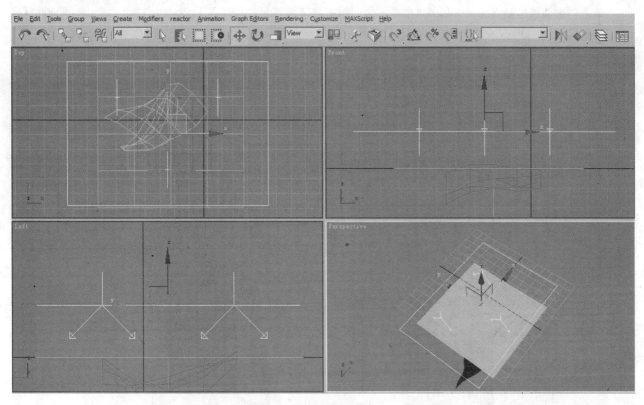

✛ 图　3-41

需要把粒子和导向板连接一起。选择导向板，然后单击连接工具，单击后连到粒子物体上，如图 3-42 所示。

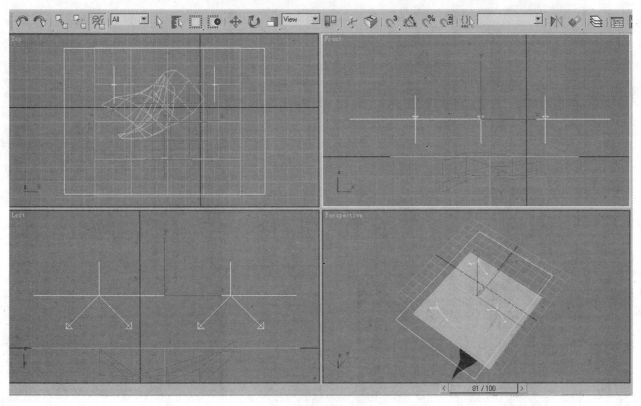

✛ 图　3-42

设置导向板的反弹力为 0，如图 3-43 所示。

单击创建面板中的 Space Warps（空间扭曲）按钮，在下拉扩展栏里单击 Forces（力度）命令，选择 Wind（风力）选项，如图 3-44 所示。

⊕ 图 3-43　　　　　　　　　　⊕ 图 3-44

加入风力后，通过移动工具和选择工具调节风力的方向，位置参考如图 3-45 所示。

复制几个粒子，用上述同样的方法做树叶，再拾取材质就可以。最后拖动动画区中的时间滑块，可以从头观看到树叶飘落的效果。移动时间滑块到最后帧，按 F9 键渲染场景，如图 3-46 所示为渲染效果。

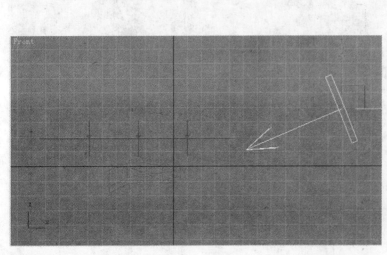

⊕ 图　3-45　　　　　　　　　　⊕ 图　3-46

3.4　烟火特效制作

　　单击进入到 Create/Geometry 子命令面板,在其下方的下拉列表中选择
Particle Systems(粒子系统),单击 Spray 按钮,在透视视图拖动鼠标建立粒子系统,
如图 3-47 所示。

　　进入到 Modify 命令面板中,展开 Parameters 卷展栏。在 Particles 栏中设置参
数值。Viewport Count 为 400,Render Count 为 400,Drop Size 为 50,Speed 为 2.5,
Variation 为 4.5,并选中 Ticks 选项,如图 3-48 所示。

　　接着再次单击 Create 命令面板,单击 Lights 按钮,从中选择 Omni,在 Top 视图
的中间区域放置一盏泛光灯,如图 3-49 所示。

　　选择此 Omni 灯,单击进入到 Modify 命令面板。展开 Intensity/Color/
Attenuation 卷展栏,设置 Multiplier 参数值为 3.0,并将灯光颜色设置为黄色。在
Far Attenuation 栏中设置 Start 参数值为 2,End 参数值为 8,如图 3-50 所示。

🔷 图 3-47

　　按下数字键 8,打开环境对话框。展开 Common Parameters 卷展栏,在 Atmosphere 栏中单击 Add 按钮,
在弹出的对话框中选择 Volume Light 特效,如图 3-51 所示。

　　接着在控制面板中出现 Volume Light Parameters 卷展栏,在 Lights 栏中单击 Pick Light 按钮,再单击刚才
的 Omni 灯;在 Volume 栏中,选中 Exponential 选项和 Use Attenuation 选项,并设置 Density 参数值为 60;
Atten.Mult. 参数值为 6。在 Filter Shadows 选项中选择 Low。在 Noise 栏中,设置 Amount 参数值为 0.3,并选
中 Link to Light 选项,如图 3-52 所示。

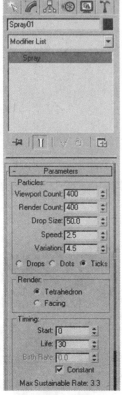

🔷 图 3-48

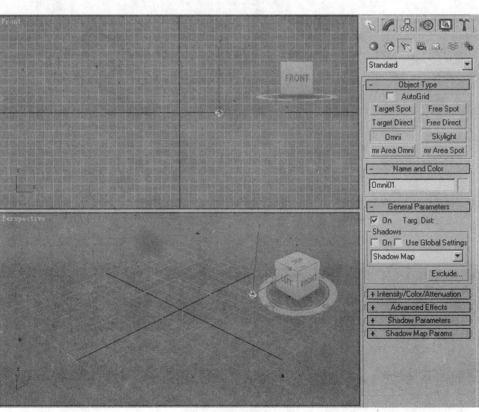

🔷 图 3-49

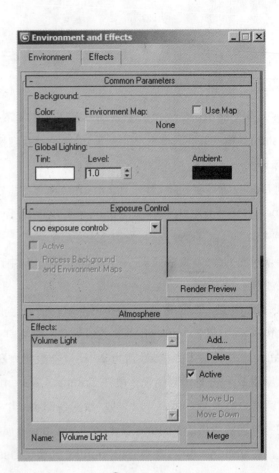

⬆ 图　3-50

⬆ 图　3-51

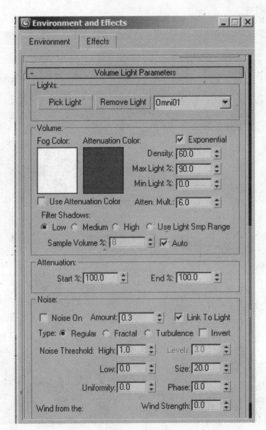

⬆ 图　3-52

下面要把泛光灯与粒子系统连接起来。选中泛光灯，单击主工具栏中的 Select and Link 按钮，选择粒子系统，使 Spray 移动时泛光灯也随之移动，如图 3-53 所示。

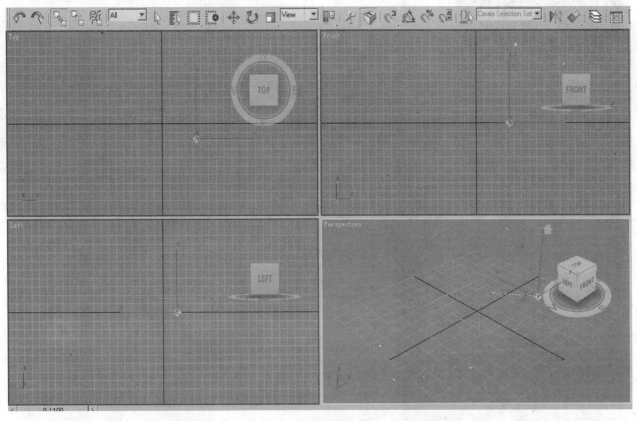

图 3-53

接着按下 M 键，打开材质编辑器，给这个粒子系统贴图。展开 Maps 卷展栏，选中 Diffuse（漫反射），并单击其右侧的 None 按钮，在弹出的 Material/Map Browser 对话框中双击 Particle Age 类型。在出现的 Particle Age Parameters 卷展栏中创立粒子在不同时期的颜色值。单击 Color #1 后面的颜色块，设置颜色为蓝色，设置 Color #2 颜色为红色，Color #3 颜色为黄色。接着设置 Output Amount 参数值为 4.0，如图 3-54 所示。

单击工具栏中的 Go to Parent 按钮，在 Blinn Basic Parameters 卷展栏中，单击 Opacity 后面的按钮，在对话框中选择 Perlin Marble 类型并返回。在出现的 Perlin Marble Parameters 卷展栏中，将 Color #1 和 Color #2 分别设置为橙色和绿色，这里可以选择鲜艳的颜色使烟火的颜色更逼真。最后单击工具栏中的 Assign Material to Selection 按钮，将材质赋予粒子系统，效果如图 3-55 所示。

单击时间栏里的 Auto Key 按钮，打开动画记录，在第 1 帧时将粒子系统拖动到下方，将时间滑块拖动到第 100 帧处，将粒子系统拖动到上方，如图 3-56 所示。

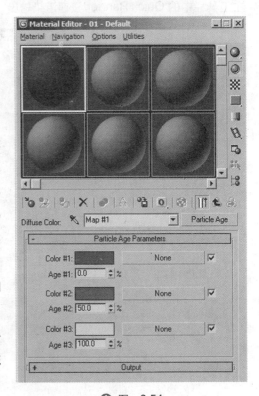

图 3-54

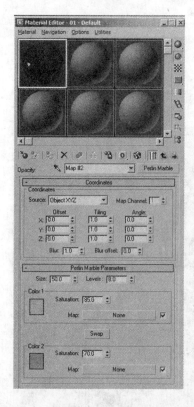

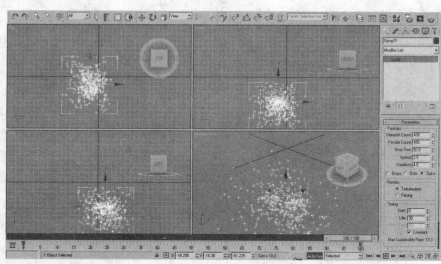

图 3-55 图 3-56

最后可以渲染并输出动画。在渲染中打开环境对话框,选中 Use Map 选项,打开材质贴图浏览器,双击 Bitmap 类型,在弹出的对话框中找到一个夜空景色的图形文件作为背景。选择菜单栏中的 Rendering/Render 命令,在 Time Output 栏中选择 Range 0 to 100 选项,在 Render Output 栏中单击 Files 按钮,保存文件。单击主工具栏中的 Quick Render 按钮渲染输出,如图 3-57 所示。

图 3-57

3.5 爆炸特效制作

首先建立场景。单击"创建"命令面板,选择"几何体"按钮,在下拉列表框中选择"标准基本体"项下的"球体"按钮,在透视视图中绘制一球体 Sphere01,参数可以调整到合适的大小,如图 3-58 所示。

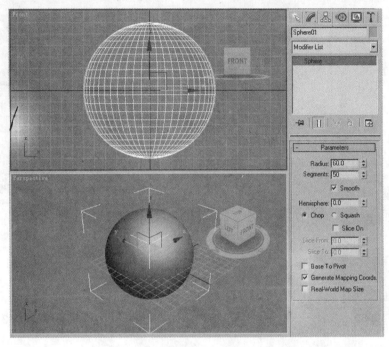

☆ 图 3-58

单击"几何体"按钮,在下拉列表中选择"粒子系统"项。单击"粒子阵列"按钮,在前视图中绘制一粒子系统。单击"修改"命令面板,打开"基本参数"卷展栏并单击"拾取对象"按钮,如图 3-59 所示。

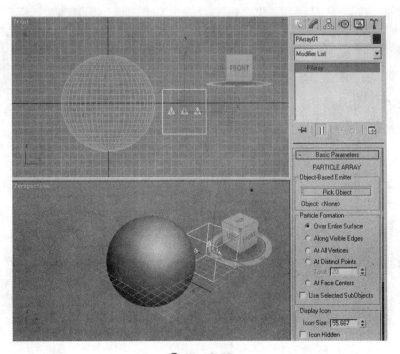

☆ 图 3-59

单击"视口显示"栏下的"网格"项,并确定"粒子数百分比"为100%,如图 3-60 所示。

在"粒子类型"卷展栏下选择"对象碎片"单选按钮,接着在"对象碎片控制"栏下确定"厚度"值为5,"碎片数目"为 200,如图 3-61 所示。

继续移动下拉菜单,确定材质来源为"拾取的发生器",并确定"旋转和碰撞"卷展栏下的"自旋时间"为30,具体设置如图 3-62 所示。

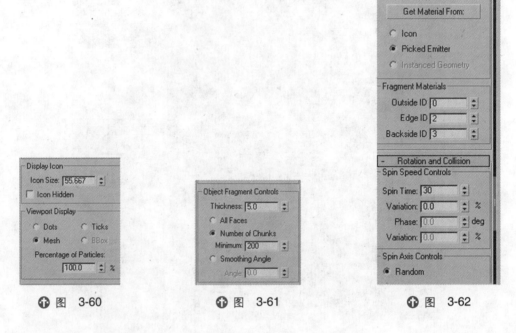

⊕ 图 3-60　　　⊕ 图 3-61　　　⊕ 图 3-62

拖动动画时间滑块,可以观看效果,如图 3-63 所示。

单击工具栏上的"曲线编辑器"按钮,打开轨迹视图,确定选择了 Sphere01,单击"轨迹"菜单中的可见性轨迹的添加命令,并通过放大按钮可以看到可见性值为1,如图 3-64 所示。

⊕ 图 3-63

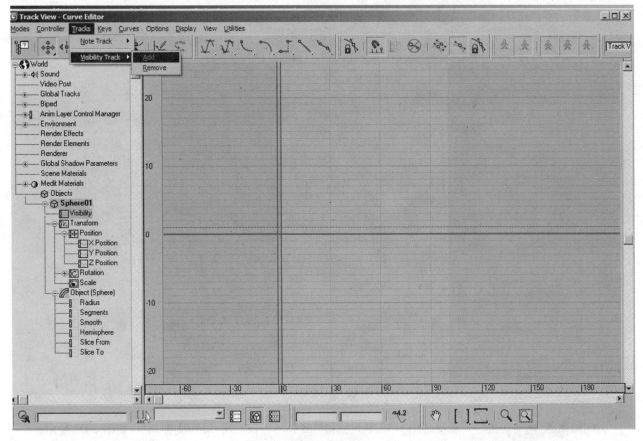

图 3-64

继续单击编辑器工具栏上的"添加关键点"按钮,添加两个关键点,在第 5 帧、第 6 帧上的值分别为 1、0。这个帧值的确定还是视效果而定,太早太晚都不是很真实,保证 Sphere01 在爆炸的瞬间使实体消失,如图 3-65 所示。

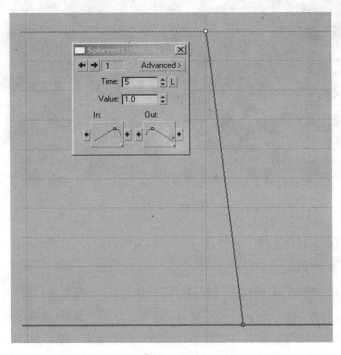

图 3-65

最后再选择这两个关键点，单击 "将切线设置为线性" 按钮，如图 3-66 所示。

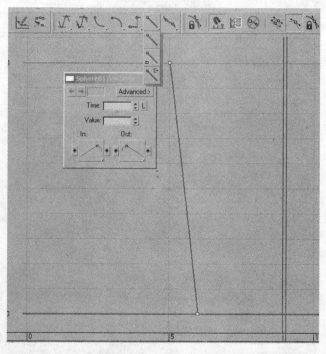

☆ 图　3-66

关闭编辑器，拖动动画时间滑块，会发现在第 5 帧和第 6 帧的时候，Sphere01 会消失，如图 3-67 所示。

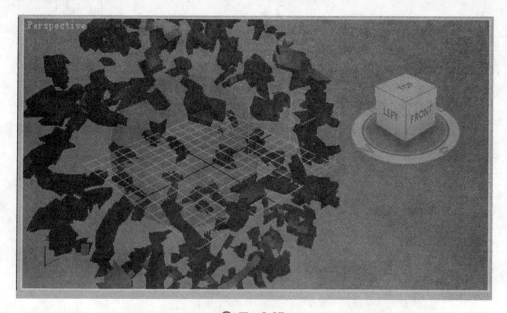

☆ 图　3-67

　　选择粒子发射系统，打开"粒子生成"卷展栏，将粒子的发射时间设定为 6，再看一下动画，此时的爆炸效果就更加逼真了。

　　接着要为物体添加材质。单击工具栏上的"材质编辑器"按钮，打开其面板，选择第一个样本球，打开"贴图"卷展栏，单击"漫反射"后的 None 按钮。打开 "材质／贴图浏览器" 面板，选择"新建"单选项，然后在左边列表中双击"位图"贴图，为它指定一图片，同时，为"凹凸"贴图指定一图片，将第一个材质赋予 Sphere01，如图 3-68 所示。

选择第二个样本球,单击"漫反射"后面的 None 按钮,为它指定一彩色爆炸效果序列图,序列图不同于静止的图片,它是由一组图片构成的动态文件,调整它出现的时间在第 4 帧左右,如图 3-69 所示。

接着单击"创建"按钮,在如图 3-70 所示的位置建立一个平面物体 Plane01。

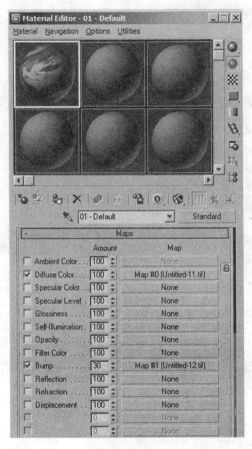

🕀 图　3-68

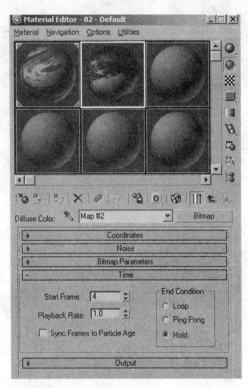

🕀 图　3-69

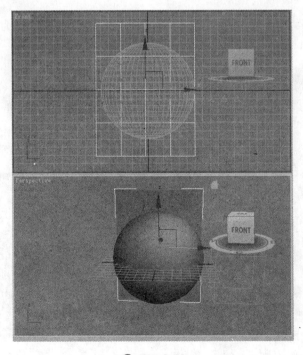

🕀 图　3-70

将第二个样本球材质赋予平面物体 Plane01,并在贴图卷展栏中拖动该材质到"不透明度"的 None 按钮上,如图 3-71 所示。

可以选择其中一帧进行渲染,得到的效果如图 3-72 所示。

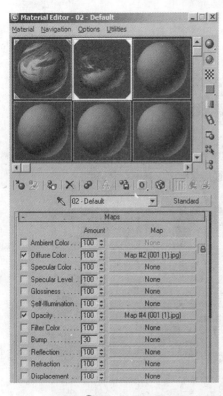

⬆ 图 3-71

⬆ 图 3-72

3.6 碎裂特效制作

首先创建一个圆柱,命名为 Glass。设置 Radius 为 7, Height 为 30, Sides 为 6。移动到视图的适当位置,如图 3-73 所示。

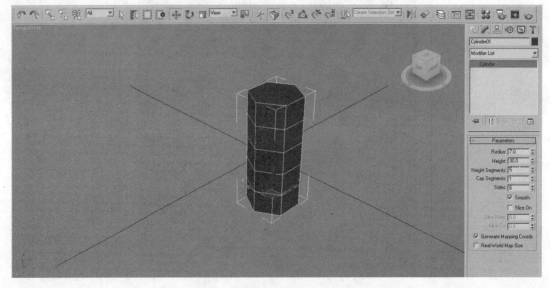

⬆ 图 3-73

单击修改器列表，为此物体添加一个 Edit Poly 修改器。单击 Polygon 图标，并选择底部的多边形，如图 3-74 所示。

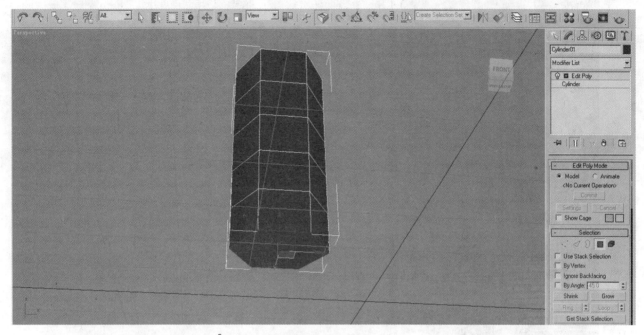

⊕ 图 3-74

单击 Bevel Settings 按钮，设置 Height 为 1.8，Outline Amount 为 -1.5，单击 OK 按钮，如图 3-75 所示。

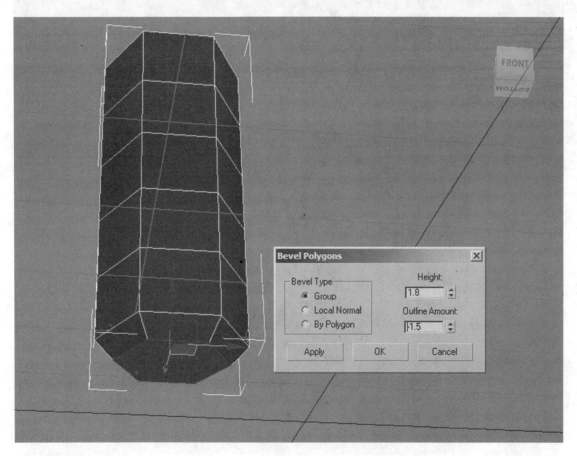

⊕ 图 3-75

再次选择底部的多边形,单击 Inset Settings 按钮,并设置 Inset Amount 为 1,如图 3-76 所示,单击 OK 按钮。

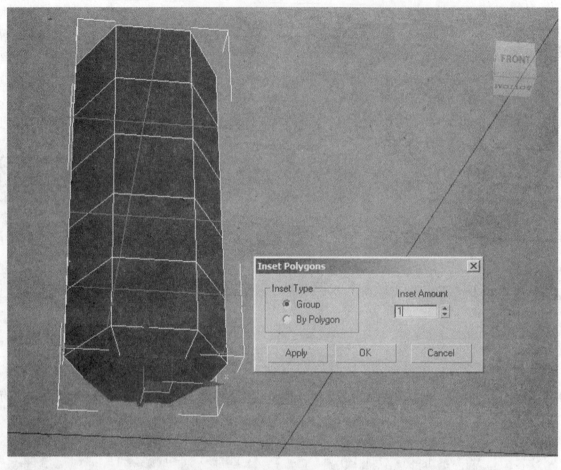

☻ 图 3-76

选择顶部多边形并将其删除,如图 3-77 所示。

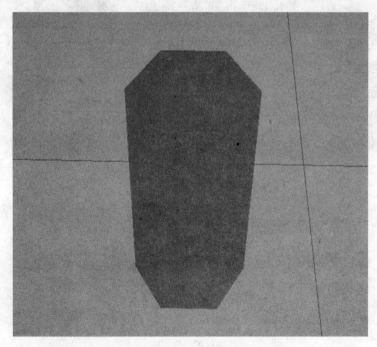

☻ 图 3-77

单击修改器列表，为物体添加一个 Tessellate 修改器，设置 Operate On 为 Polygons，Tension 为 0，Iterations 为 2，如图 3-78 所示。

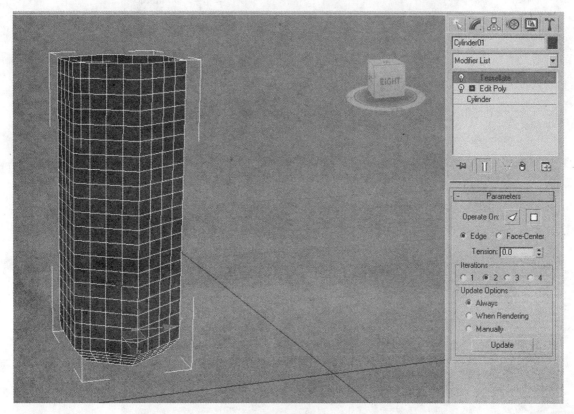

⊕ 图　3-78

继续在修改器列表中为物体添加一个 TurboSmooth 修改器，然后添加一个 Optimize，设置 Face Threshold 为 0.02，Edge Threshold 为 0，Bias 为 0.5，如图 3-79 所示。

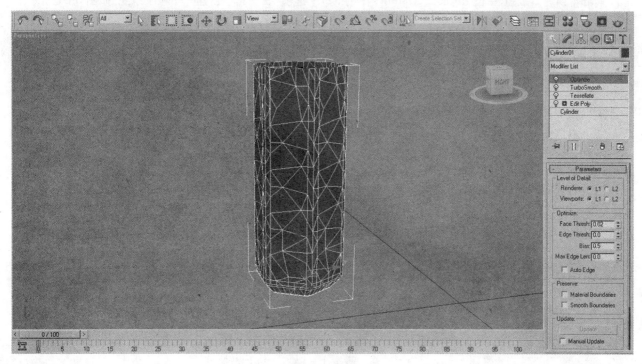

⊕ 图　3-79

最后，为物体再添加一个 Turbosmooth，这样模型基本制作完成，效果如图 3-80 所示。

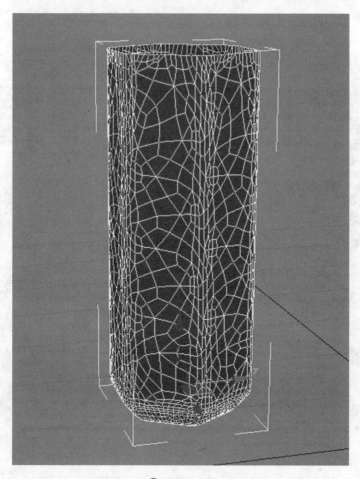

图　3-80

单击"创建"按钮，单击 Particle Systems 下的 Parry 选项，在视图中创建一个粒子系统，如图 3-81 所示。

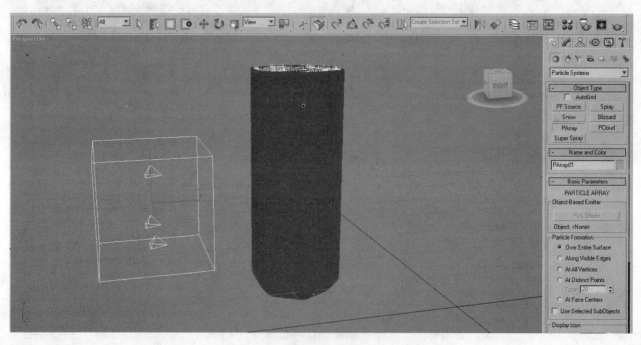

图　3-81

接着选择粒子系统，单击修改器列表，再单击 Pick Object 按钮，选择视图里的圆柱物体，如图 3-82 所示。

✛ 图　3-82

需要修改一下粒子的参数，首先 Viewport Display 项选择 Mesh，如图 3-83 所示。

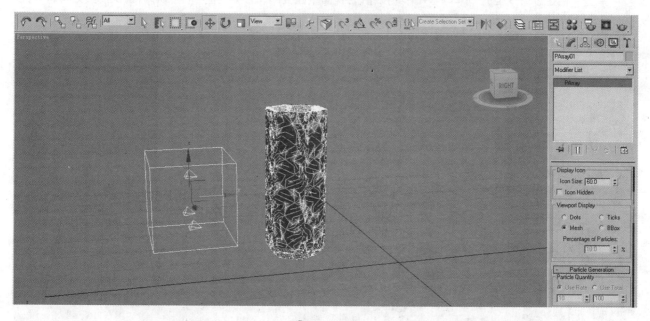

✛ 图　3-83

向下拖动参数列表，在 Particle Type 下选中 Object Fragments 选项，同时选择 Object Fragment Controls 选项下的 Number of Chunks，设定其 Minimum 数值为 108，效果如图 3-84 和图 3-85 所示。

图 3-84　　　　　　　　　　　　　　　图 3-85

单击"创建"命令里的 Space Warps 按钮,在视图中建立 Gravity（重力场）物体,确保箭头方向向下,使用默认设置即可,如图 3-86 所示。

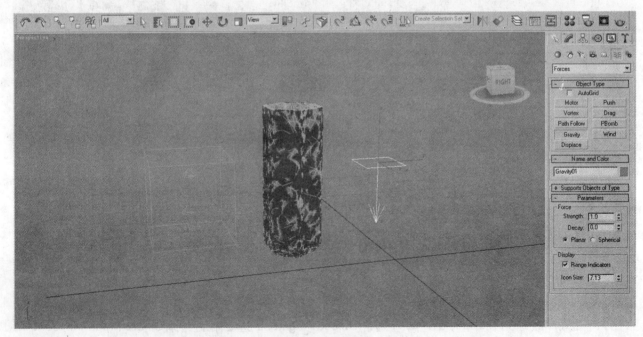

图 3-86

选择圆柱物体,使用主工具栏里的 Bind to Space Warps 将其绑定到空间扭曲按钮,再直接拖动到 Gravity 图形上,这样就完成了绑定操作,如图 3-87 所示。

最后,按下 F9 键进行快速渲染,查看效果,如图 3-88 所示。

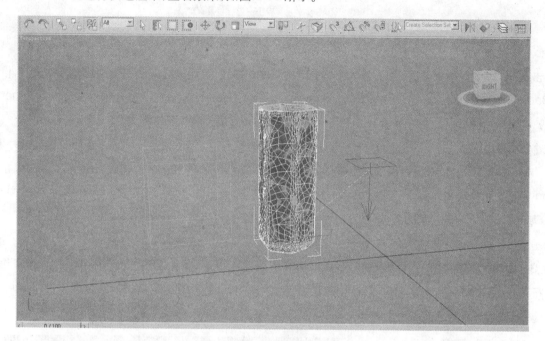

图　3-87

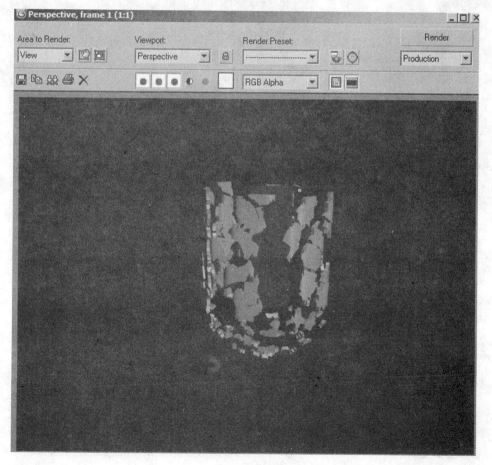

图　3-88

可以通过不断地修改粒子系统参数来达到自己满意的效果,然后可以输出完整的动画。

3.7 烟雾特效制作

单击选中 Create 命令面板,选择 Geometry 下的 Cone 按钮,在新的场景中创建圆锥体 Cone01,修改参数如下: Radius1(半径 1)为 10,Radius2(半径 2)为 150,Height(高度)为 800,Height Segments(高度节数)为 80,Sides(边数)为 40,选中 Generate Mapping Coords. 复选框,如图 3-89 所示。

这个锥体大小决定了将要生成的烟雾的基本外形。如想得到更复杂的烟雾,可进一步修改锥体的外形。

在 Modify(修改)面板弹出的对话框中选择 "Edit Mesh" 项目。单击选中 Sub → Object 按钮进入 Polygon(多边形)次物体层级。在 Perspective 透视图中选择锥体上下的两个面,按 Delete 键删去它们,如图 3-90 所示。

单击 Sub → Object 按钮,在下拉列表中选择 Vertex(节点)层级进行编辑。在 Modify(修改)面板中展开 Soft Selection 卷展栏,选中 Use Soft Selection 复选框,设置 Falloff 为 750。在 Front 视图中选取锥体最上面的一行节点,这时将看到锥体上的节点用不同的颜色显示。以下操作将对这些有颜色的节点产生影响,其中黄色节点受影响很大,而蓝色节点受影响非常小,如图 3-91 所示。

⊕ 图 3-89

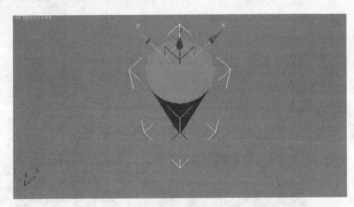

⊕ 图 3-90

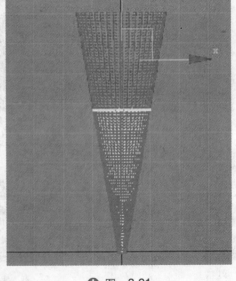

⊕ 图 3-91

再次单击 Sub → Object 按钮,为选取的节点施加一个 Noise(噪波)编辑修改器。以下参数可供参考:Strength X 为 250.0,Strength Y 为 250.0,Strength Z 为 250.0,Noise 的 Scale 值为 130.0,选中 Animate Noise 复选框, Frequency 值为 0.05,效果如图 3-92 所示。

单击屏幕右下方的 Time Configuration 按钮,将整个动画的时间延长到 100 帧。记录动画,在第 100 帧将 Noise 编辑修改器的 Gizmo 向上移动,如图 3-93 所示。

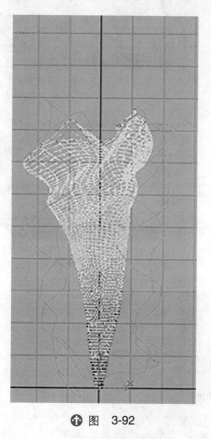

⊕ 图　3-92

⊕ 图　3-93

再次单击 Sub → Object 按钮,退出子物体编辑状态,用 Edit(编辑)→ Clone(克隆)命令得到锥体 Cone01 的复制品。重复四次这样的复制过程,这时场景中将有五个完全一样的锥体。为每个锥体 Noise(噪波)编辑修改器的 Seed(随机数种子)参数赋不同的值。还可以适当修改它们的 Strength 和 Scale 参数。

在场景中创建一台摄像机,按 C 键切换到摄像机视图,用一盏聚光灯从侧面照亮场景中的锥体,摄像机与聚光灯的方向是相互垂直的,如图 3-94 所示。

打开材质编辑器,选择一个未被使用的样本球,将 Specular Level (高光级别)和 Glossiness(光泽度)置为 0。因为作为烟雾材质,它不应该具有任何高光属性。展开 ExtEnded Parameters 卷展栏,置 Type 为 Additive。为材质的 Diffuse(过渡色)通道赋予 Falloff 类型的贴图,调整贴图的曲线,如图 3-95 所示。

将另一个 Falloff 贴图贴到材质的 Self → Illumination (自发光)通道,调整曲线,如图 3-96 所示。

在 Opacity (不透明度)通道中使用 Gradient (颜色渐变)类型的贴图。设置 Color 1 为 RGB (0, 0, 0), Color 2 为 RGB (20, 20, 20), Color 3 为 RGB (255, 255, 255)。在 Coordinates 栏,设置 U 和 V 的 Tiling 参数值为 0.9。如果不这样,将发现烟雾的最顶部呈现出极不真实的白色。

调整 Diffuse(过渡色)通道的 Falloff 贴图,可以控制烟雾的颜色;调整 Opacity(不透明度)通道的 Gradient(颜色渐变)贴图,可以决定烟雾的浓度。

将滑块拖到最后帧上,按 F9 键快速渲染,可以看到效果如图 3-97 所示。最后根据需要渲染输出动画。

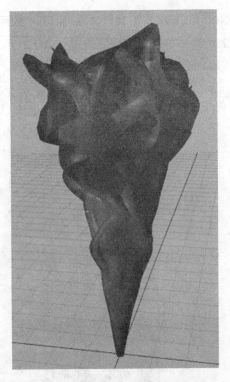

⬆ 图 3-94

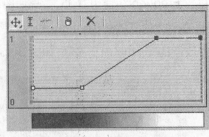

⬆ 图 3-95

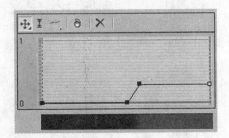

⬆ 图 3-96

⬆ 图 3-97

3.8 流水落瀑综合动画特效制作

在 Perspective 视图中创建一个 Box，设置 Length 为 300、Width 为 100、Height 为 150，坐标可以设定为 X=0.0，参数如图 3-98 所示。

在 Front 视图中创建一个 Cylinder，设置 Radius 为 30、Height 为 400。具体高度没有关系，它只是作为以后使用 Boolean 运算中 Box 要减去的物体，比 Box 长一点就可以了。根据具体位置不同，本案例坐标可以设定为 X=0.0，Y=180，Z=150，如图 3-99 所示。

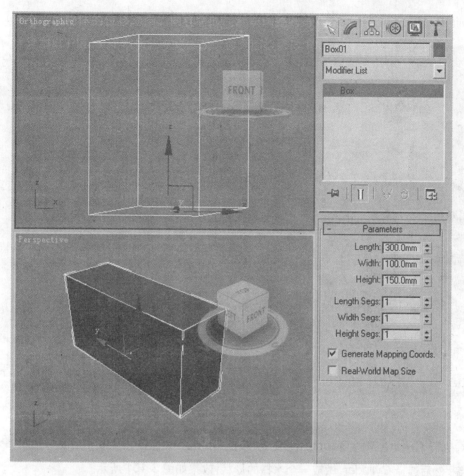

⬆ 图 3-98

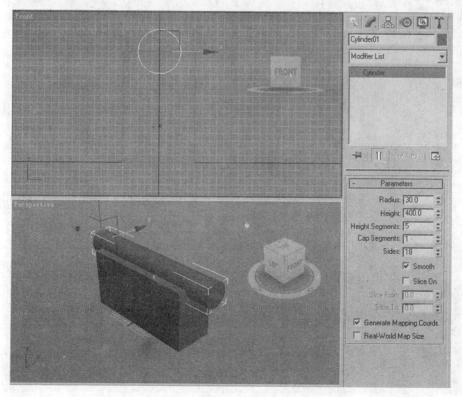

⬆ 图 3-99

接着为 Cylinder 添加一个 Noise 修改器,具体参数如图 3-100 所示。

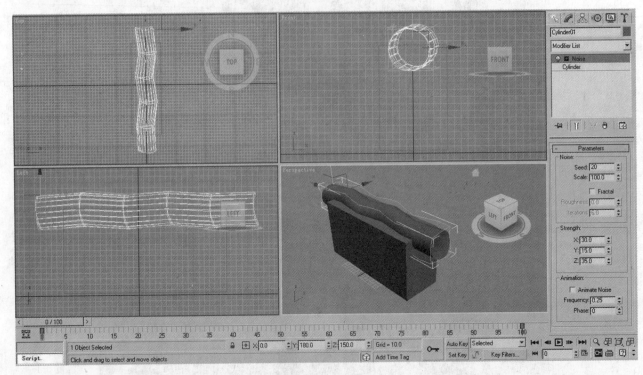

图　3-100

选择 Box,执行 Create 下的 Geometry 命令,单击 Compound Objects 中的 Boolean 命令,单击 Pick Operand B 按钮,然后选择 Cylinder,做成一个水槽的形状,效果如图 3-101 所示。

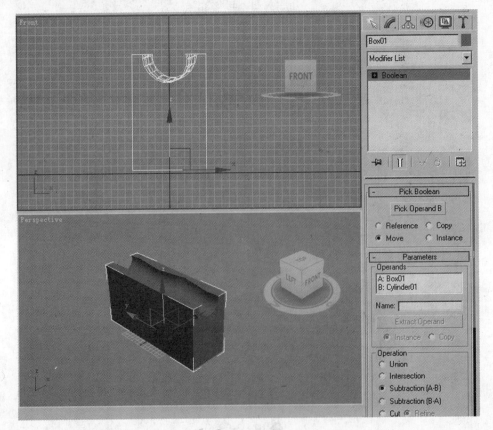

图　3-101

接着需要建立一些平面。在 Top 视图创建一个 Plane 物体，Length = 300，Width = 90。坐标位置：X = 0.0，Y = 0.0，Z = 143。在 Front 视图中创建第二个 Plane 物体，Length = 40，Width = 90。坐标位置：X = 0.0，Y = 149，Z = 123。在 Top 视图中创建第三个 Plane 物体，Length = 275，Width = 260。坐标位置：X = 0.0，Y = -200，Z = 0.0，效果如图 3-102 所示。

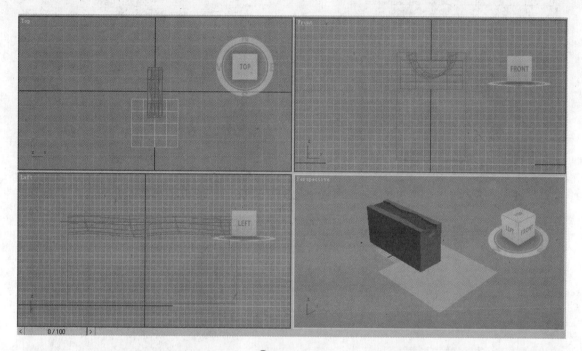

　图　3-102

接着要对这些物体添加材质，按下 M 键打开 Material Editor，选择一个材质球，单击 Blinn Basic Parameters 选项里的 Diffuse Color 颜色，设置 R=160，G=125，B=60，如图 3-103 所示。

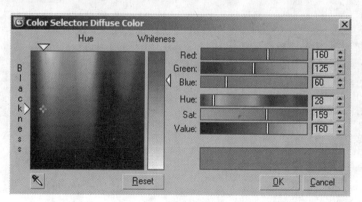

　图　3-103

单击 Maps 选项里的 Bump，为其加入一个贴图。为了使凹凸效果明显，可以适当增加数值，此处设置为 60。选中水槽物体，单击"赋予选择物体材质"按钮，如图 3-104 所示。

接着为平面物体制作水的效果。选择新的材质球，改变颜色参数，Ambient Color：R= 5，G=118，B=88。Diffuse Color：R=99，G=160，B=139。Filter Color：R=0，G=112，B=70，如图 3-105 所示。

在 Bump Map 通道中选择 Noise，Bump Amount 为 30%，参数设置如图 3-106 所示。

在 Reflection 通道中选择 Falloff 贴图，保留默认设置，Reflection Amount 为 40%。选中刚才制作的 3 个 Plane 物体，单击"赋予选择物体材质"按钮，如图 3-107 所示。

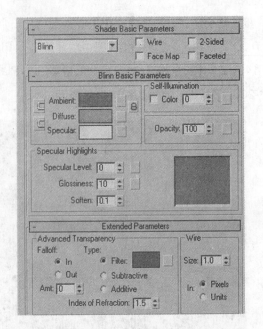

图 3-104

图 3-105

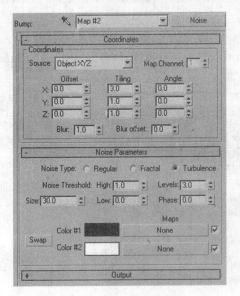

图 3-106

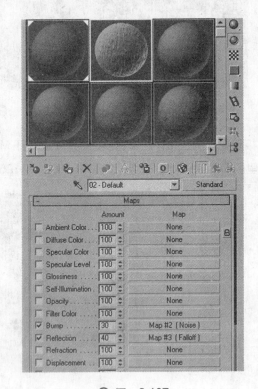

图 3-107

现在使用粒子系统让水流动起来。选中 Front 视图,单击创建命令按钮,选择 Geometry 下的 Particle 选项的 Spray,创建水流的源头 (Box 上相对于水流的另一头),设置参数如图 3-108 所示。

因为粒子现在喷射的方向是反的,所以将其沿 Z 轴旋转 180°。保持 Spray 选中状态,为其赋予水材质,如图 3-109 所示。

按下 F9 键进行快速渲染,可以发现水流看起来非常混浊,这是因为还没有为 Spray 添加任何运动效果。右击 Spray,选择 Properties 命令,在弹出的对话框的左下角设置 Motion Blur 参数 (如图 3-110 所示)。

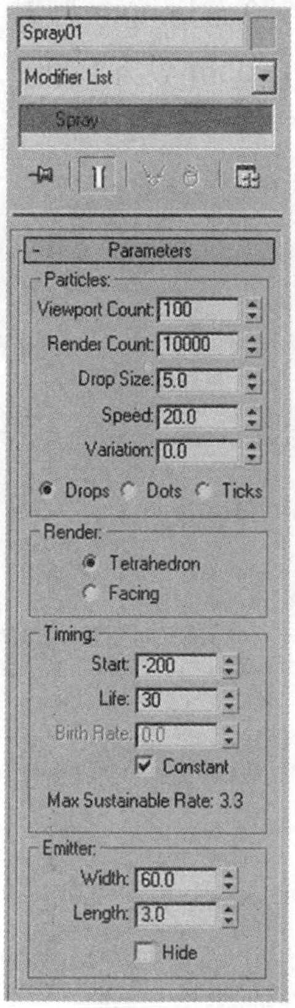

图 3-108

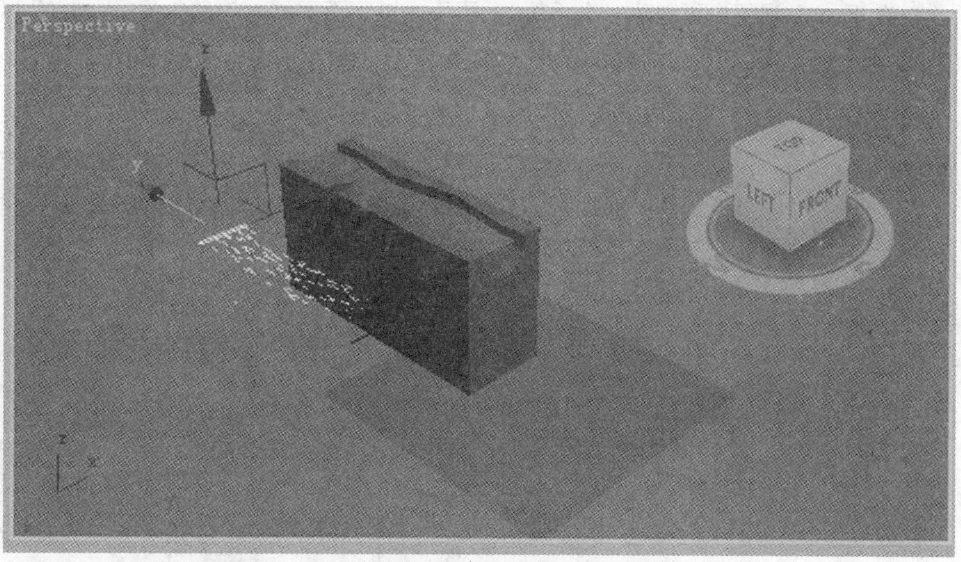

图 3-109

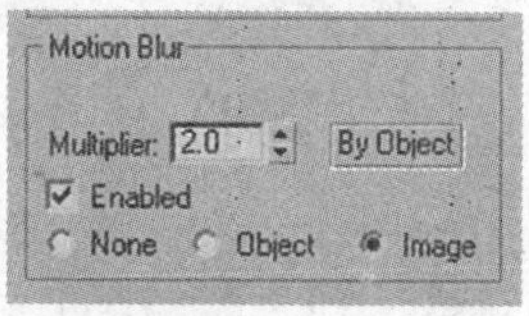

图 3-110

通过播放动画可以观察水流效果,发现瀑布的位置还不理想,这是因为粒子显示距离过近。要解决这个问题,可以按下 Shift 键并沿 Y 轴拖动 Spray 到 Box 的另一头,在弹出的复制选项窗口中选择 Copy,将复制品的 Speed 从 20 改为 9.5,如图 3-111 所示。

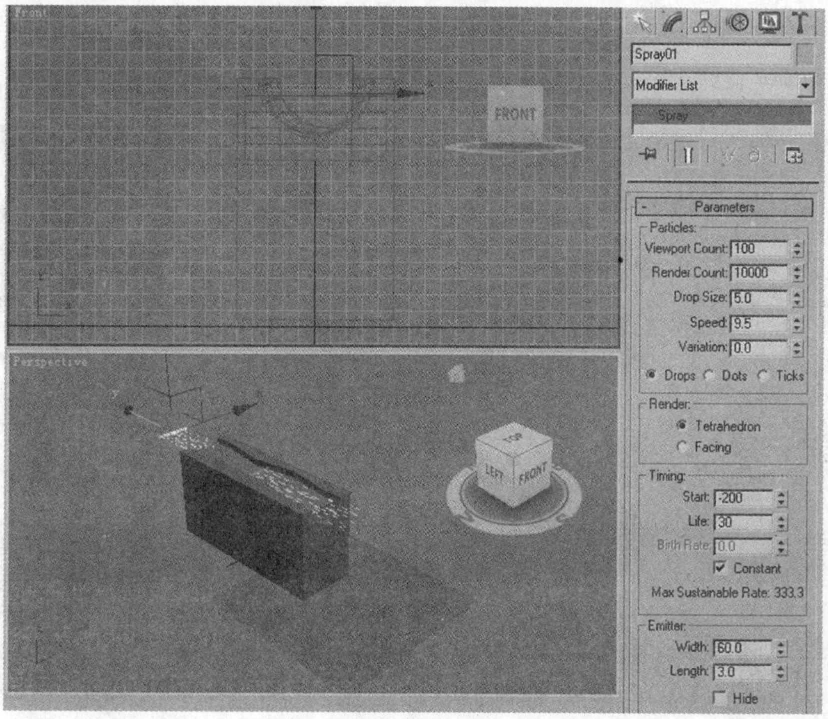

图 3-111

在 Front 视图中再创建一个 Spray，用于生成下面那层水流的效果，设置 Width 为 300， Length 为 3。沿 Z 轴旋转 180°。添加 Motion Blur 效果，参数设置同上。将这个 Spray 的 Render Count 设为 20000，Speed 为 20，并移动到适当位置，如图 3-112 所示。

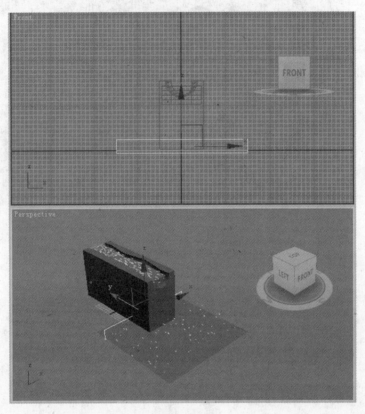

✿ 图 3-112

为了加强流水的效果，选择 Particle 选项下的 Snow，在 Front 视图中单击，创建一个雪粒子系统，设置 Length 为 15， Width 为 40。Snow 的喷射方向如果反了，可将它沿 Z 轴旋转 180°。同样为其添加 Motion Blur 效果，设置 Multiplier 值为 1.5，并移动到水槽的开口处，如图 3-113 所示。

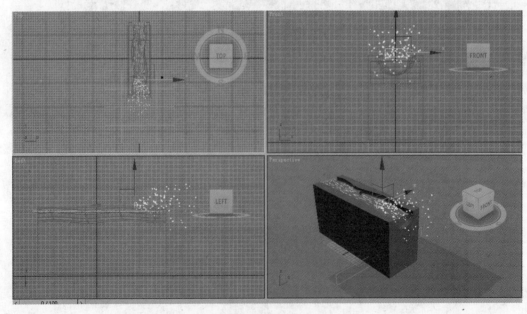

✿ 图 3-113

　　为了让 Snow 喷射的粒子能够下落,需要添加一个重力系统。单击创建命令面板的 Space Warps 选项 Forces 类别下的 Gravity 命令,在透视图里创建重力系统物体,随意把它放置在任何地方,大小适中即可,只要保证箭头指向下方就可以了。将重力的 Strength 设为 10,这样 Snow 喷出的粒子就会落下来了,如图 3-114 所示。

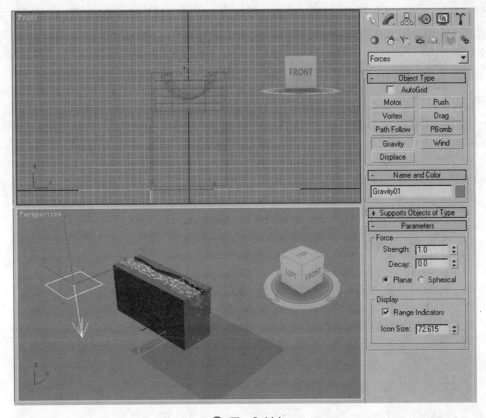

图　3-114

　　选择 Snow,单击工具栏上的"绑定到空间扭曲"按钮,然后再单击 Snow 系统,按住左键并拖放到重力系统上,把两者联结到一起,如图 3-115 所示。

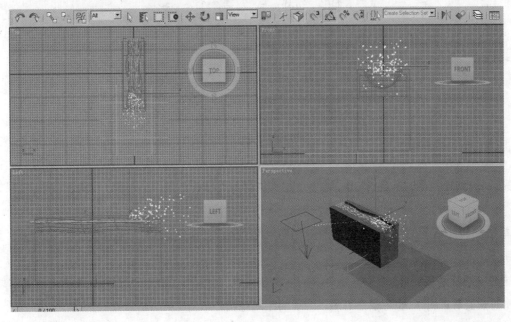

图　3-115

　　这时水流已经有了落下的效果，但是会发现，水流会穿过平面物体。解决的方法就是在地面上创建导向板。在 Top 视图中，单击创建命令面板的 Space Warps 选项的 Deflectors 类别下 Deflector 命令，创建一个导向板，移动到底面 Plane 物体的上面，设置参数如图 3-116 所示。

　　为了表现真实的水流碰撞效果，溅起的水花应该泛出白色。打开材质编辑器，选择一个新的材质样本球，设置参数如图 3-117 和图 3-118 所示。

☯ 图 3-116

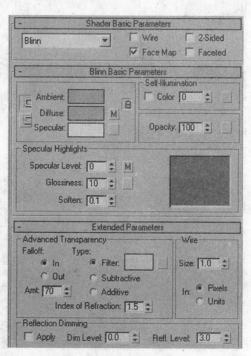

☯ 图 3-117

☯ 图 3-118

　　设置完成后，选择下落的水流，单击"赋予选择物体材质"按钮。按下 F9 键进行快速渲染，效果如图 3-119 所示。

　　可以单击创建面板下的灯光，在透视图中创建一个 Skylight 灯光，加强画面的艺术感染力，灯光设置如图 3-120 所示。

　　所有这些参数都是根据场景物体的大小、特点、表现目的来进行设置的。可以通过改变参数来创建出不同的效果。制作时既要尊重科学，也可以适当加以合理的艺术夸张。

　　最后设置好文件输出路径以及输出的格式，经过渲染后，就可以得到完整的动画文件。

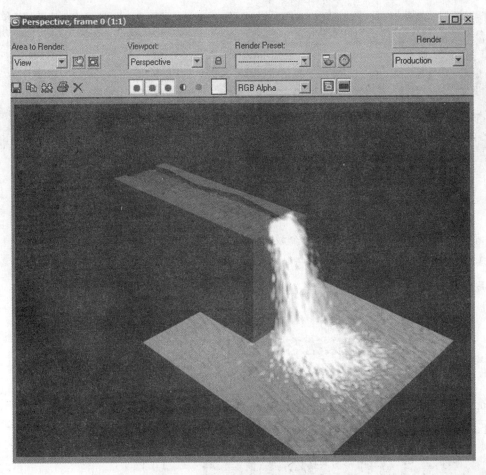

☩ 图 3-119

☩ 图 3-120

第4章
三维动态背景制作

本章的学习目标是让读者能够使用 3ds max 软件制作符合影视播放要求的三维背景特效动画，重点是掌握 3ds max 软件的模型制作方法、图形工具的使用方法、复杂粒子特效工具的使用方法、动画文件后期合成的方法、制作完整的三维动态背景作品的方法。

4.1　星光翻滚动态背景制作

首先需要创建五角星物体。进入 3ds max，选择主菜单中的 File → Reset 命令，复位应用程序到初始状态。单击 Create 命令面板上的 Shapes 选项，在 Front 视图中创建一个五角星 Star01，参数设置如图 4-1 中右侧所示。

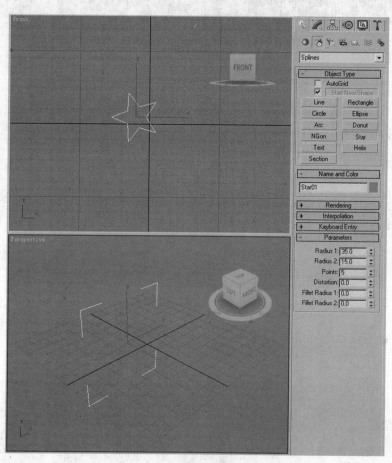

☉ 图　4-1

进入 Modify 面板，在下拉列表中选择 Bevel 命令按钮，参数设置如图 4-2 所示。

单击激活 Top 视图，单击 Create 面板下的 Shapes 选项，再单击 Helix 按钮，在 Top 视图中创建一条螺旋形的曲线，参数设置如图 4-3 所示。

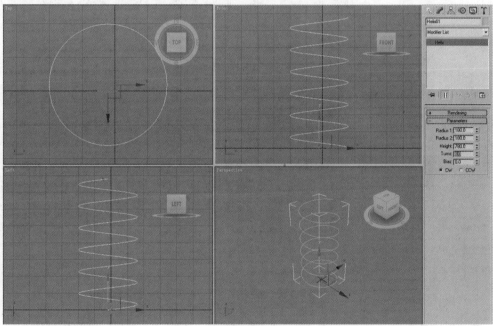

　图　4-2　　　　　　　　　　　　　　　　　　图　4-3

在 Left 视图中创建一架摄像机 Camera，位置如图 4-4 所示。

在 Left 视图中移动摄像机，观察 Camera 视图，其效果如图 4-5 所示。

选取 Star01 物体，在命令面板上单击 Motion 按钮，打开 Assign Controller 卷展栏，单击 Position：Path Controller 选项，再单击其左上角的控制按钮，在弹出的窗口中单击 Path Constraint 路径约束工具，如图 4-6 所示。

在命令面板上单击 Path Parameters 卷展栏，单击 Pick Path 按钮，然后在 Front 视图上单击螺旋线，如图 4-7 所示。

选取五角星 Star01，在工具栏中选择 Snapshot 命令行，这个工具用来沿固定路径复制物体，如图 4-8 所示。

在弹出的如图 4-9 窗口中选中 Range 按钮，设置参数如图 4-9 所示。

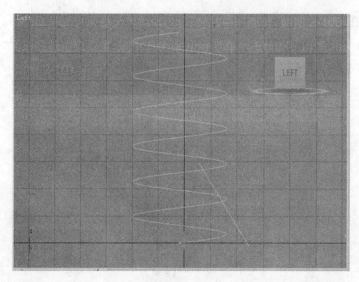

⬆ 图 4-4

⬆ 图 4-5

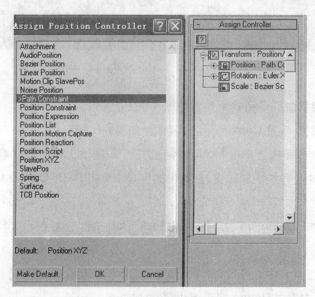

⬆ 图 4-6

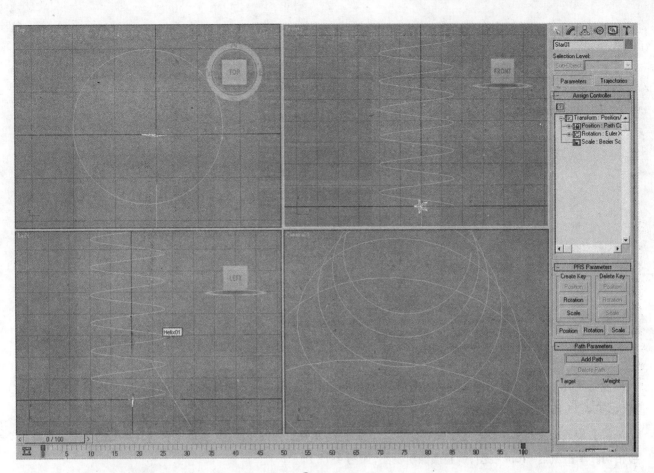

图 4-7

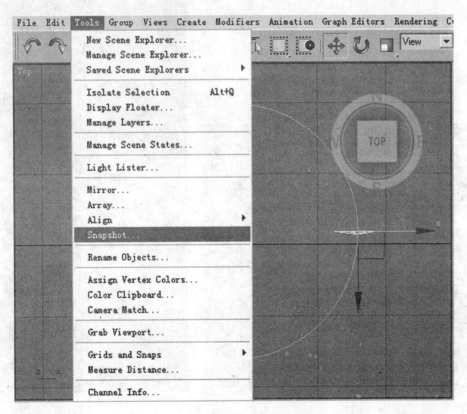

图 4-8

影视包装特效——3ds max 制作技法

在工具栏中单击按名称"选择"按钮，选择 Star01 物体并删除它，如图 4-10 所示。

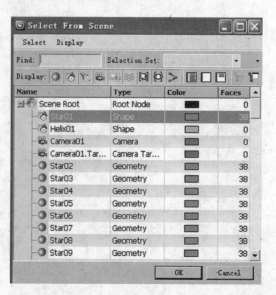

⬆ 图 4-9　　　　　　⬆ 图 4-10

激活 Top 视图，选择所有的五角星图形，使用旋转工具，按照 Y 轴方向旋转五角星至与图中的线框相切的位置，如图 4-11 所示。

接着旋转五角星 Star13、选取相邻的第二个五角星，重复上面的步骤，直至把所有的五角星都调整为与螺旋线相切。单击激活 Front 视图，调整摄像机视图，如图 4-12 所示。

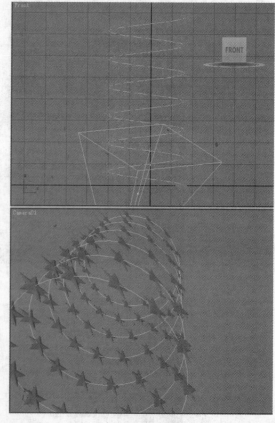

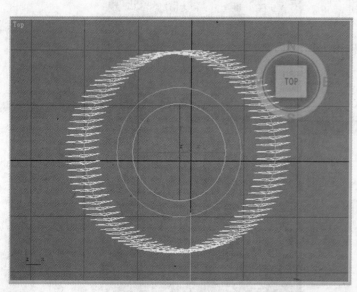

⬆ 图 4-11　　　　　　⬆ 图 4-12

104

再次激活 Front 视图，移动摄像机位置如图 4-13 所示。

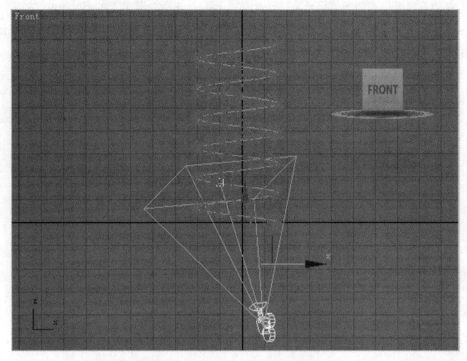

❀ 图 4-13

单击工具栏上的 Select by Name "按名称选择"按钮，选取 Helix01 并删除它，如图 4-14 所示。

❀ 图 4-14

　　下面要对物体进行组合。单击工具栏中的 Select by Name（按名称选择）按钮，选择 Star02，单击 Create 面板，在下拉菜单中选择 Compound Objects 选项，然后在命令面板上单击 Boolean 按钮，进入布尔运算状态，如图 4-15 所示。

　　单击命令面板上的 Pick Operation 按钮，同时在命令面板下方的 Operation 选项区下选中 Union（合集）选项，然后单击工具栏中的"按名称选择"按钮，在弹出的窗口中选择 Star03。单击 Pick 按钮，这样就将 Star02

和 Star03 两个物体组合到了一起，变成了一个物体。

下面要将所有的五角星用布尔运算组合成一个物体。再次单击命令菜单上的 Boolean 按钮。

注意：这一步是必不可少的，每一次布尔运算都要有这一步，然后重复上面的步骤，选择 Star04，然后单击 Pick 按钮，将 Star02、Star03、Star04 组合成一个物体。依此类推，直至将所有的物体组合完毕为止，如图 4-16 所示。

⊕ 图 4-15

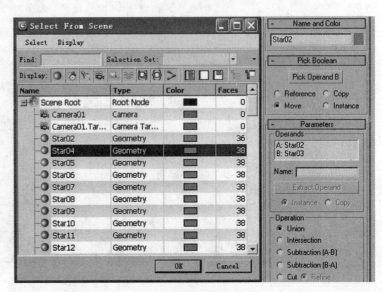

⊕ 图 4-16

创建粒子动画路径。单击 Create 面板下的 Shapes 选项，再单击命令面板上的 Arc 按钮，在 Top 视图中建立一个 Arc01 曲线，如图 4-17 所示。

激活 Front 视图，选中 Y 轴，在 Front 视图中沿 Y 轴向上移动曲线 Arc01 到如图 4-18 所示的位置。

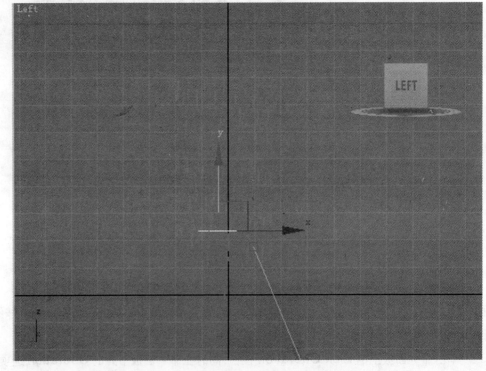

⊕ 图 4-17

⊕ 图 4-18

激活 Top 视图，单击 Create 面板下的 Shapes 选项，单击命令面板上的 Line 按钮，同时选中 Creation Method 下拉菜单中 Initial Type 下的 Smooth 选项和 Drag Type 下的 Smooth 选项，在 Top 视图中创建如图 4-19 所示的曲线 Arc01。

激活 Front 视图，在工具栏中单击"旋转"按钮，设定轴向为 Z 轴，沿 Z 轴旋转 Arc01 至如图 4-20 所示的位置。

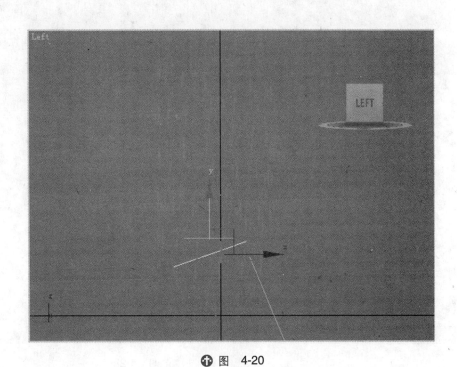

☻ 图 4-19 　　　　　　　　　　　☻ 图 4-20

使用"选择移动"工具，在 Left 视图中沿 Y 轴向上移动曲线 Arc01 至如图 4-21 所示的位置。

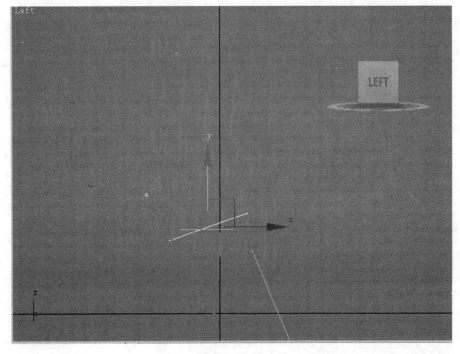

☻ 图 4-21

激活 Top 视图，单击 Create 面板下的 Shapes 选项，在 Top 视图中（如图 4-22 所示的位置）再建立一条
Arc02 曲线。

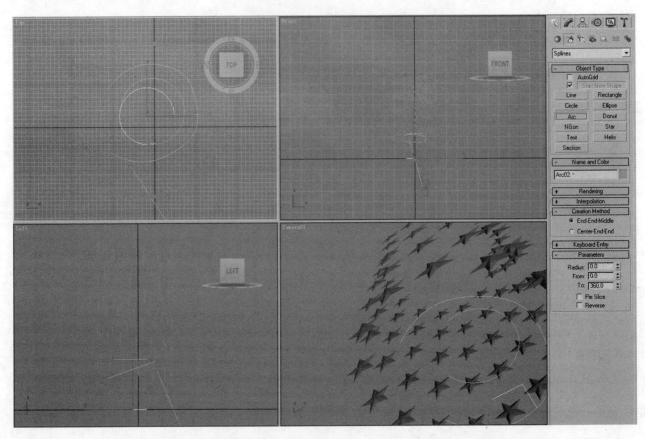

⬆ 图 4-22

激活 Front 视图，在 Front 视图中沿 Y 轴向上移动曲线 Arc02 至如图 4-23 所示的位置。

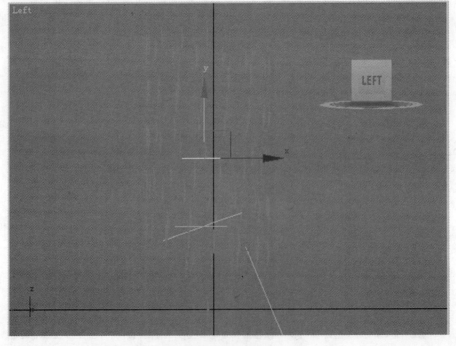

⬆ 图 4-23

激活Front视图,在工具栏中单击"旋转"按钮,设定轴向为Z轴,沿Z轴旋转Arc02至如图4-24所示的位置。

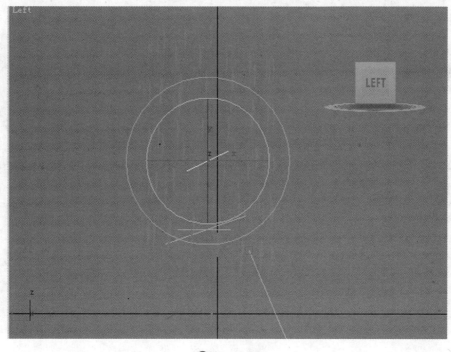

● 图 4-24

激活Top视图,单击Create面板下的Shapes选项,在Top视图中再建立一个Arc03曲线,如图4-25所示。

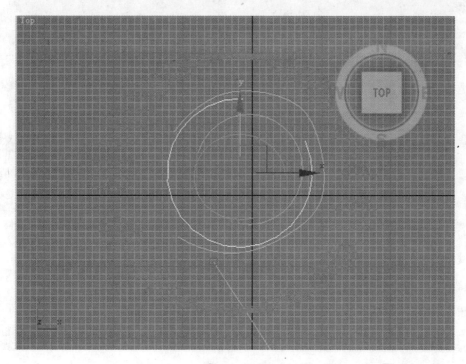

● 图 4-25

激活 Front 视图,在 Front 视图中沿 Y 轴向上移动曲线 Arc03 至如图 4-26 所示的位置。

激活 Front 视图,沿 X 轴旋转 Arc03 至如图 4-27 所示的位置。

接着需要创建粒子物体。单击 Create 面板下的几何体按钮,在下拉菜单中选择 Particle Systems,在 Front 视图中创建 Super Spray01,移动粒子到如图 4-28 所示的位置。

⊕ 图　4-26

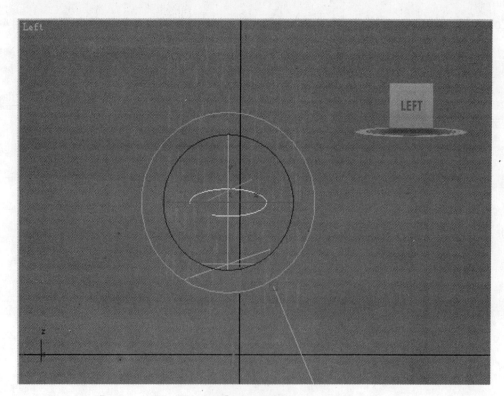

⊕ 图　4-27

打开 Create 面板，再单击"灯光"按钮，在 Left 视图中创建 Spot01，如图 4-29 所示。

在"参数修改"命令面板中设置灯光参数如图 4-30 所示。

在 Left 视图中创建两盏泛光灯 Light02、Light03，并调整其位置，如图 4-31 所示。

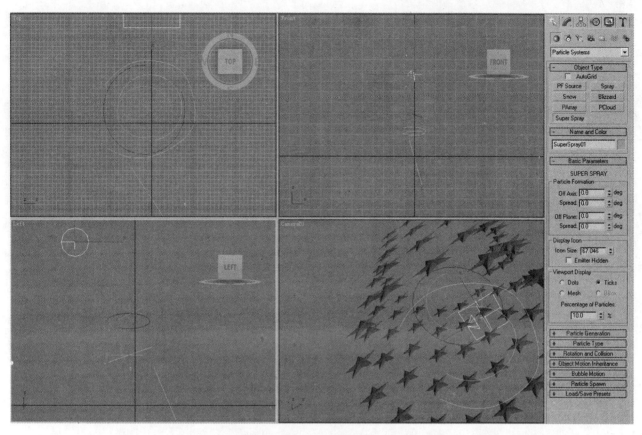

图　4-28

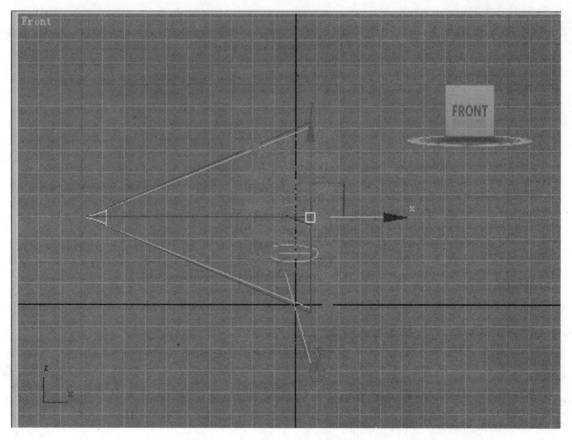

图　4-29

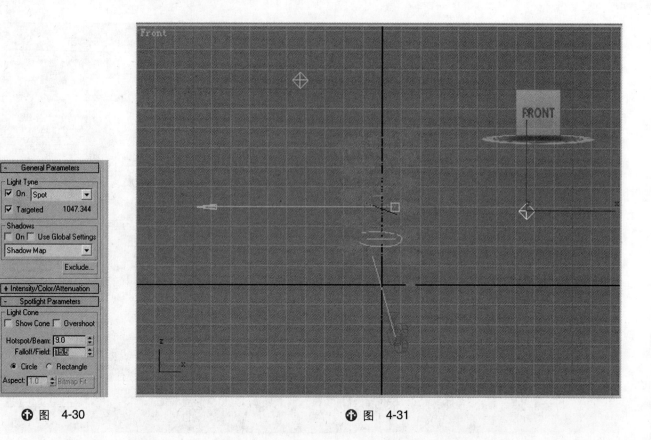

⊕ 图 4-30   ⊕ 图 4-31

在 Left 视图中再创建两盏同心泛光灯,注意选中命令面板上 Intensity/Color/Attenuation 选项区下的 Show 选项,如图 4-32 所示。

在 Create 命令面板中,单击"几何体"按钮,在下拉菜单中选择 Particle Systems 选项,如图 4-33 所示。

⊕ 图 4-32

⊕ 图 4-33

单击 Super Spray 按钮,在 Top 视图中创建 Super Spray02、Super Spray03、Super Spray04、Super Spray05 四个超级喷射粒子物体,参数设置如图 4-34 所示。

单击命令面板上的 Particle Generation 卷展栏,设置参数如图 4-35 所示。

设置 Particle Generation 参数为 39。打开命令面板上的 Particle Type 卷展栏,选中 Standard Particles 下的 Sixpoint 选项,至此,对于超级喷射粒子 Super Spray02 的设置基本完成。其他三个超级喷射粒子的参数设置同上,如图 4-36 所示。

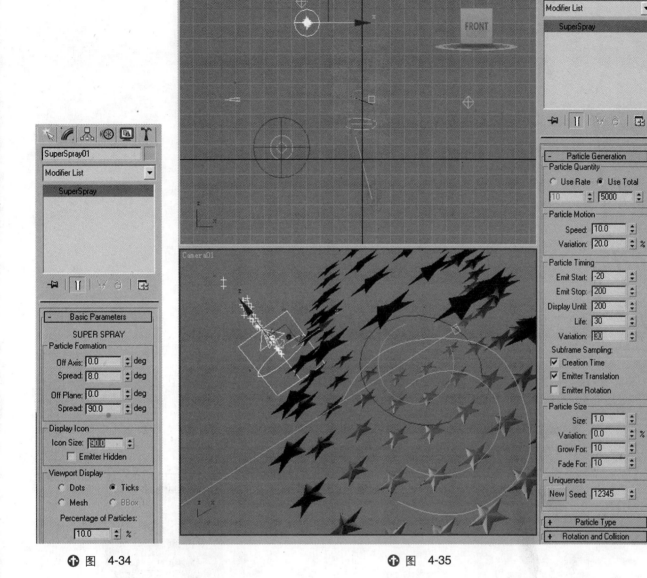

☆ 图 4-34　　　　　　　　　　　　　　　　**☆ 图 4-35**

将粒子赋予曲线路径。在 Top 视图中单击 Super Spray02 选中它，然后单击命令面板上的 Motion 按钮，展开命令面板上的 Assign Controller 卷展栏，选择其中的 Position 选项，然后单击其上的 Assign Controller 按钮，在弹出的窗口中选择 Path 选项，然后单击 OK 按钮，如图 4-37 所示。

单击命令面板上 Path Parameters 下的 Pick Path 按钮，然后在 Top 视图中单击 Arc01 曲线，然后在命令面板的 Path Options 下选中 Follow 选项，在 Axis 选项中选中 Z 轴，再选中 Flip 选项，这样就将超级喷射粒子赋予给了曲线 Arc01。同样把 Super Spray03 指定到曲线 Line01 上，将 Super Spray04、Super Spray05 依次指定到曲线 Arc02、Arc03 上，这样对于粒子的曲线运动设定就完成了，如图 4-38 所示。

选择 Super Spray01，设置它的参数如图 4-39 所示。

单击命令面板上的 Particle Generation 卷展栏，选中 Particle Quantity 下的 Use Total 选项，设置参数如图 4-40 所示。

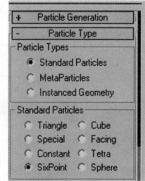

☆ 图 4-36

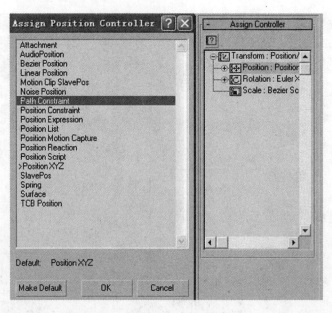

图 4-37

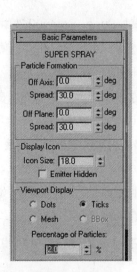

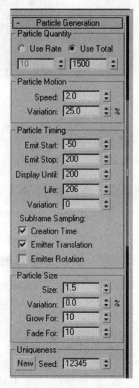

图 4-38　　　　　图 4-39　　　　　图 4-40

打开命令面板上的 Particle Type 卷展栏,选中 Standard Particles 下的 Six Point 项,粒子 Super Spray01 的参数完成设置,如图 4-41 所示。

单击 Animate 按钮,打开动画参数设置面板,在 Animation 下的 Length 选项中将动画的长度设置为 200 帧, 如图 4-42 所示。

下面创建变流空间扭曲物体,目的在于使超级喷射粒子 Super Spray01 在喷撒到五星物体上时产生一个空 间的反弹变流的效果。单击 Create 按钮,单击 Space Wraps 按钮,在下栏菜单中选择 Deflectors 选项,如图 4-43 所示。

图 4-41

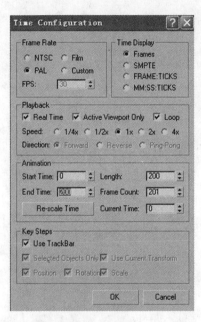

图 4-42

图 4-43

在命令面板上单击 Deflector 按钮,在如图 4-44 所示位置建立一个 Deflector01 物体,即图中的白色方块, 调整 Super Spray01 喷射粒子的方向,对准刚刚建立的 Deflector01 物体。

单击工具栏中的绑定到空间扭曲按钮,拖动鼠标将 Super Spray01 物体与 Deflector01 物体进行链接,如 图 4-45 所示。

接着需要给模型场景设定材质。打开材质编辑器,选择第一个材质视窗,设置 Ambient 的颜色为(R:160, G:160,B:185),Diffuse 的颜色为白色,设置 Self-Illumination 的值为 60,如图 4-46 所示。

打开 Extended Parameters 卷展栏,选中 Falloff 下的 Out 选项,设置 Amt 值为 100,选中 Type 下的 Additive 选项,如图 4-47 所示。

打开 Maps 卷展栏,单击 Diffuse 右侧的 None 按钮,在弹出的窗口中选取 Gradient 贴图类型,如图 4-48 所示。

单击 Diffuse 右侧的 Gradient 项,在 Gradient Parameters 卷展栏中设置 Color#1 的颜色为(R:255,G:0, B:0),Color#2 的颜色为(R:255,G:160,B:0),Color#3 的颜色为(R:255,G:255,B:0),如图 4-49 所示。

在工具栏中单击"按名称选择"按钮,选择 Super Spray01、Super Spray02、Super Spray03、Super Spray04,将刚才设置好的材质赋予粒子,如图 4-50 所示。

设置背景材质。选取第二个材质视窗,打开 Maps 卷展栏,单击 Diffuse 右侧的 None 按钮,在弹出的窗口中 选取 Bitmap 贴图类型,如图 4-51 所示。

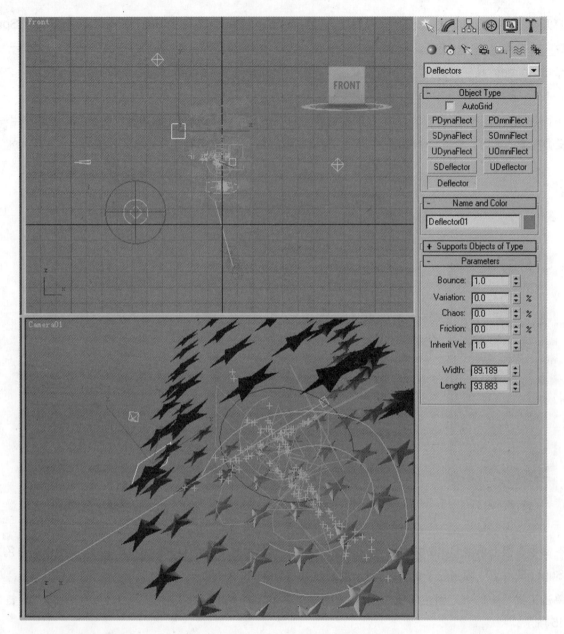

图　4-44

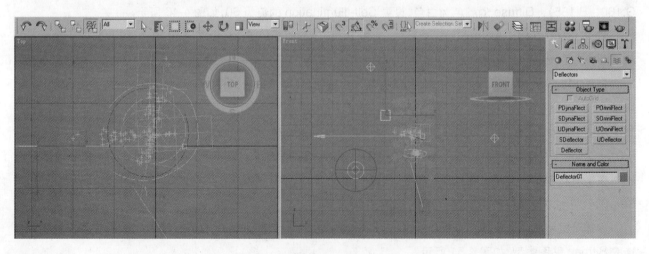

图　4-45

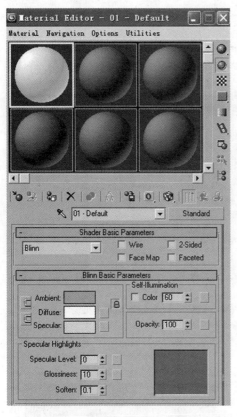

图　4-46

图　4-47

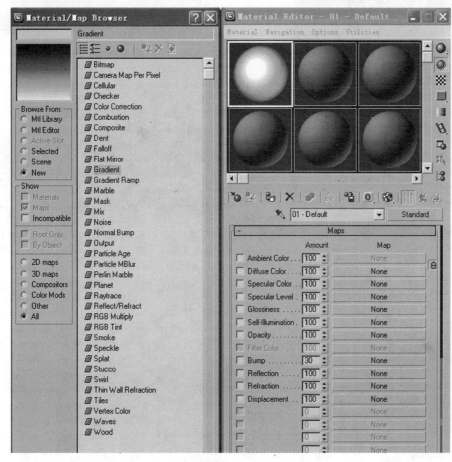

图　4-48

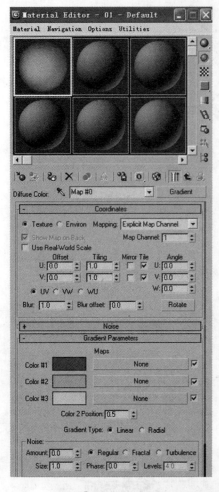

图 4-49

图 4-50

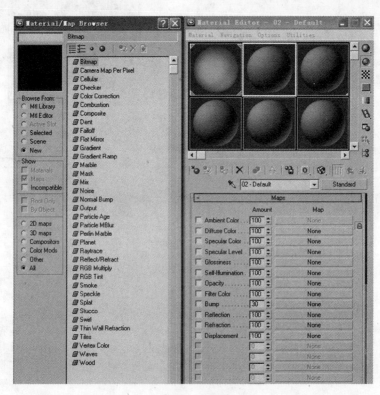

图 4-51

打开 Bitmap Parameters 卷展栏,单击 Bitmap 右侧的空白按钮,在弹出的对话框中选取天空贴图文件。打开 Noise 卷展栏,参数设置如图 4-52 所示。

　　在 Coordinates 卷展栏下,选中 Environ 选项,在 Mapping 的下拉列表中选取 Shrink-wrap Environment 选项,完成背景材质设置,如图 4-53 所示。

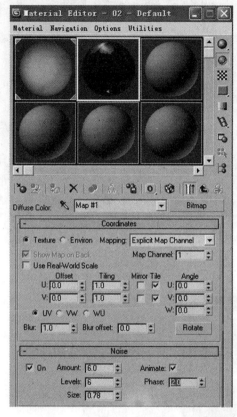

图　4-52

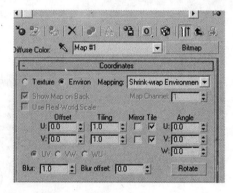

图　4-53

　　在材质编辑器中选择第三个材质视窗,设置 Shading 为 Metal 方式,设置 Ambient 的颜色为红色, Diffuse 的颜色为黄色, Specular Level 的值为 78, Glossiness 的值为 76。在 Front 视图中选取五星物体,在材质编辑器中单击“赋予选择物体材质”按钮,将此材质赋予五星物体,如图 4-54 所示。

　　下面开始设置动画。单击 Rendering 菜单的 Video Post 选项,再单击 Animate 按钮,打开“动画记录”功能,将时间滑块拖到第 200 帧,在 Left 视图中选择摄像机,然后将摄像机向下拖动,同时观察摄像机视图,使五星状的物体逐渐放大。激活 Front 视图,选择移动工具,在 Front 视图中沿 Y 轴旋转五星状物为一定的角度,大约 -20° 左右即可,如图 4-55 所示。

　　选择 Rendering 菜单下的 Video Post 选项,在 View 选项区下的下拉列表中选取 Camera01,如图 4-56 所示。

　　单击 Video Post 窗口中的“添加图像过滤事件”按钮,在弹出窗口中的下拉列表中选取 Lens Effects Flare 选项,如图 4-57 所示。

　　双击 Video Post 窗口中的 Lens Effects Flare 选项,在弹出的窗口中单击 Setup 按钮,在 Lens Effects Properties 选项的下面,设置 Size 的值为 88, Angle 的值为 12。单击 Node Sources 选项,在弹出的窗口中选中 Omni01,在右侧窗口中选中 Glow、Ring、Msec、Rays 选项。单击 Preview 和 VP Queue 选项,单击 Glow 选项,设置 Size 的值为 45,如图 4-58 所示。

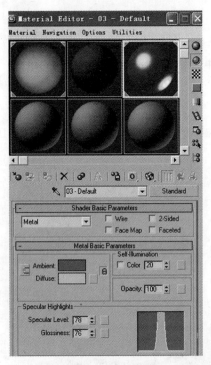

图 4-54

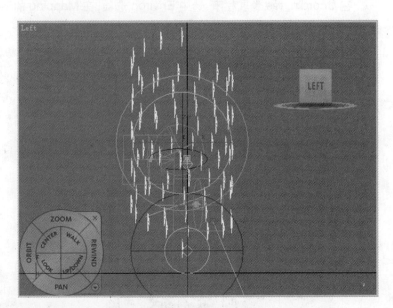

图 4-55

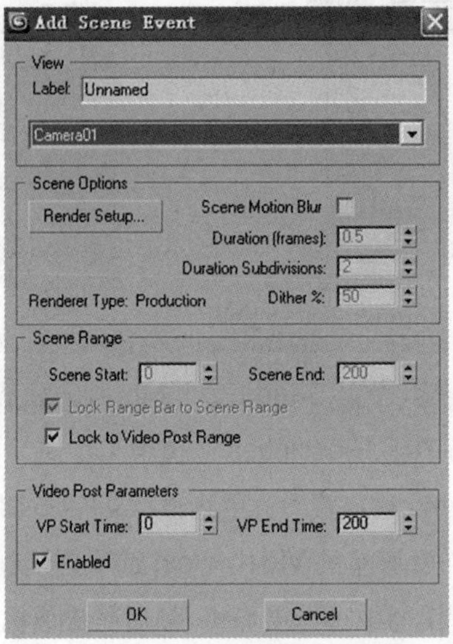

图 4-56

选中 Ring 选项,设置 Size 的值为 30, Thick 的值为 3.5,如图 4-59 所示。

选中 Msec 项,设置 Size 的值为 140, Plane 的值为-135,选中 On 项,设置 Scale 的值为 3.0,如图 4-60 所示。

选中 Rays 选项,设置 Size 的值为 110, Num 的值为 125, Sharp 的值为 9.9,如图 4-61 所示。

单击 OK 按钮,然后在 Top 视图中选取泛光灯 Omni01 和 Omni02,调整其位置如图 4-62 所示。

单击 Rendering 菜单下的 Environment 选项,在弹出的窗口中单击 Environment Map 下面的空白按钮,再在弹出的窗口中 Browse From 选项的下面选中 Mtl Editor 选项。选择右边的 Diffuse:Map#1 选项,单击 OK 按钮,在弹出的窗口中选取默认的选项,如图 4-63 所示。

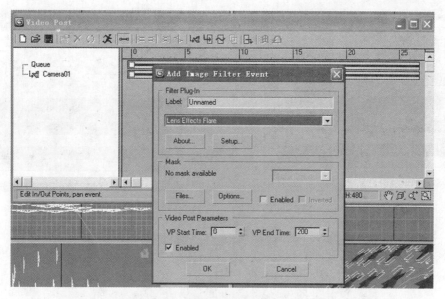

⊕ 图 4-57

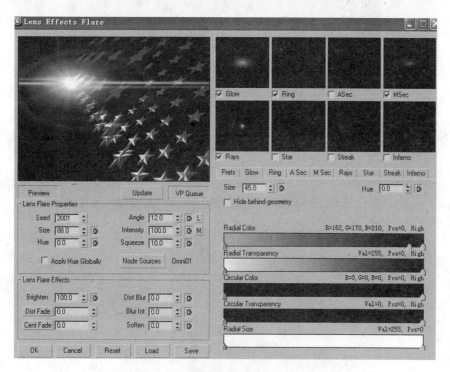

⊕ 图 4-58

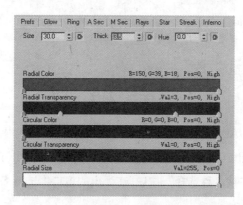

⊕ 图 4-59

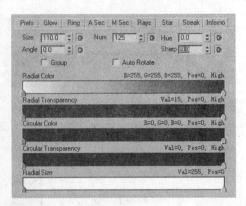

图 4-60　　　　　　　　　　　　　　　图 4-61

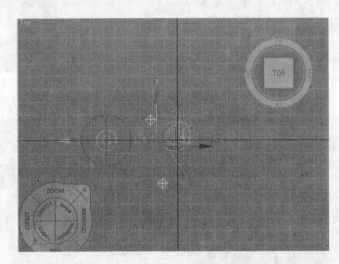

图 4-62

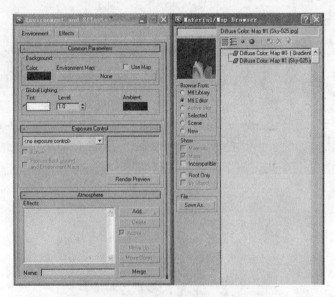

图 4-63

　　在 Environment 窗口中,打开 Atmosphere 下拉栏,选择其右边的 Add 按钮,在弹出的窗口中选择 Volume Light 选项,增加一个 Volume Light(体积光)物体。展开 Volume Light 下拉列表,选择 Lights 项下的 Pick Light 按钮,然后选择工具栏中的"按名称选择"按钮,在弹出的窗口中选择 Spot01 选项,并单击 Pick 按钮,如图 4-64 所示。

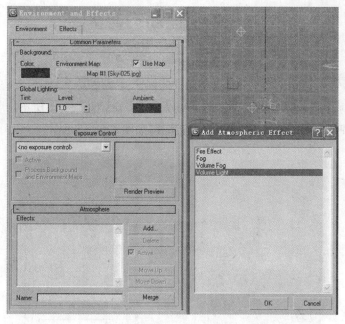

⬆ 图　4-64

选择 Volume 下的 Fog Color 选项,弹出颜色调整窗口,设置其颜色为（R:250,G:250,B:228）,设置 Attenuation Color 的颜色为黑色,设置 Density 的值为 1,Max Light% 的值为 90,Aten. Mult. 的值为 2,如图 4-65 所示。

最后可以单击"渲染"按钮,输出动画文件。

⬆ 图　4-65

4.2　炫彩扭曲动态背景制作

单击 Shape 按钮,再单击 Helix 选项,在视图中制作螺旋体,参数如图 4-66 所示。

单击 Top 视图,在螺旋体中心建立一个 Super Spray 分子系统,如图 4-67 所示。

切换到 Front 视图,把 Super Spray 图标移到螺旋体处,如图 4-68 所示。

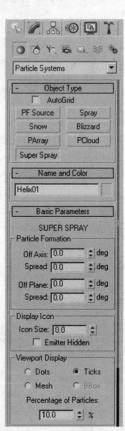

⚙ 图　4-66　　　　　⚙ 图　4-67

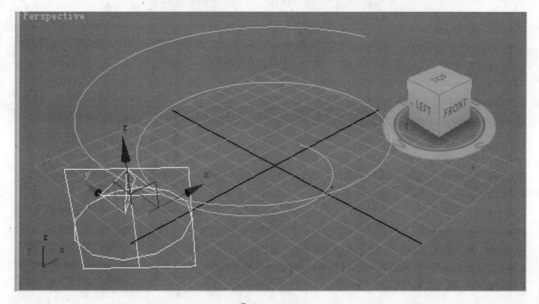

⚙ 图　4-68

打开修改列表,确定 Super Spray 分子喷出的方向为上。Particle 粒子系统基本参数设定如图 4-69 所示。

接着设定粒子的 Generation 参数,数值如图 4-70 所示。

通过查看效果可以修改粒子的大小参数,如图 4-71 所示。

最后设定粒子的碰撞参数,如图 4-72 所示。

单击 Space Warps 按钮,在视图中创建 Gravity(重力)物体,让粒子射出后有稍微向下掉落的效果。重力的参数设置如图 4-73 所示。

图 4-69

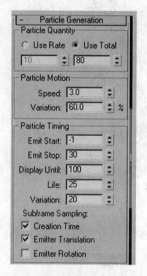

图 4-70

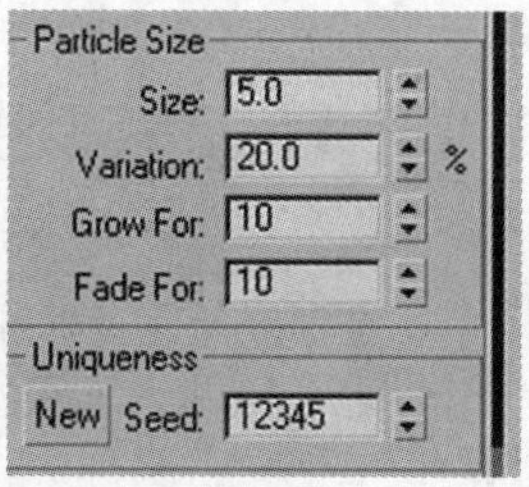

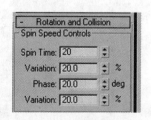

图 4-71

图 4-72

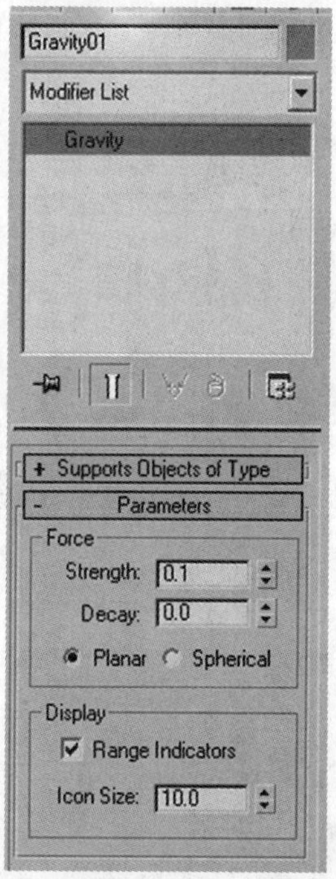

图 4-73

单击上方工具栏的 Bind to Space Warp 按钮,将重力影响联结到粒子的分子射出系统 Super Spray,联结成功后,Super Spray02 图标会闪动一下,如图 4-74 所示。

接着设定分子系统沿着路径移动的动画。选中 Super Spray02,在上方工具栏选择 Animation/Constraints/

Path Constraint，联结之前的螺旋体路径，如图 4-75 所示。

操作完成后会发现 Super Spray02 自动依附在路径上了。时间轴会在第 0 帧和第 100 帧处自动加上关键点，如图 4-76 所示。

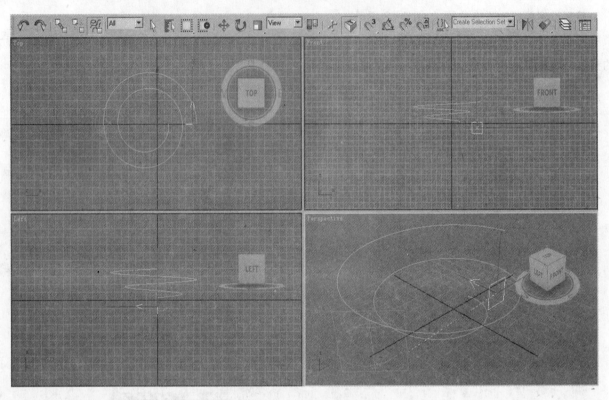

⊕ 图　4-74

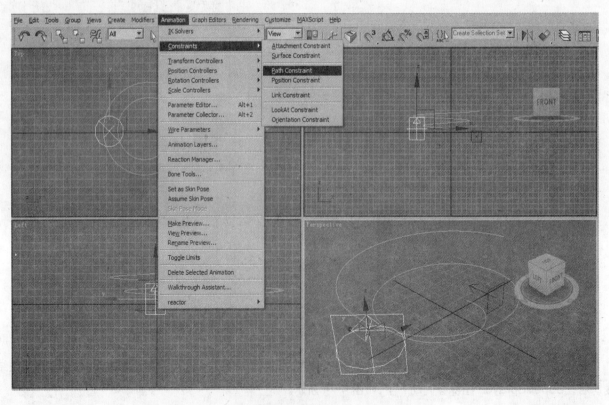

⊕ 图　4-75

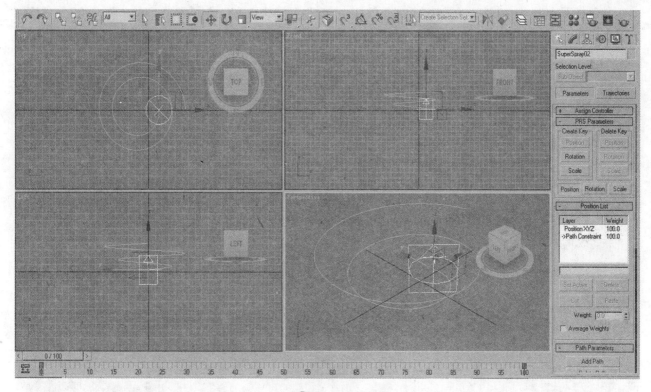

🔂 图　4-76

把 Super Spray02 移到适当位置，在 Frame 0 处手动加上关键帧，Key Filters 设定如图 4-77 所示。

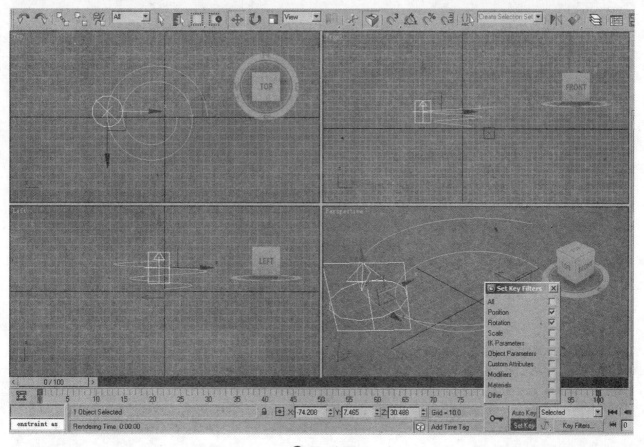

🔂 图　4-77

接着按下 Auto Key 按钮，以便自动记录关键帧。拉动时间滑块到 100 帧处，移动 Super Spray02 到螺旋体路径最上方处，如图 4-78 所示。

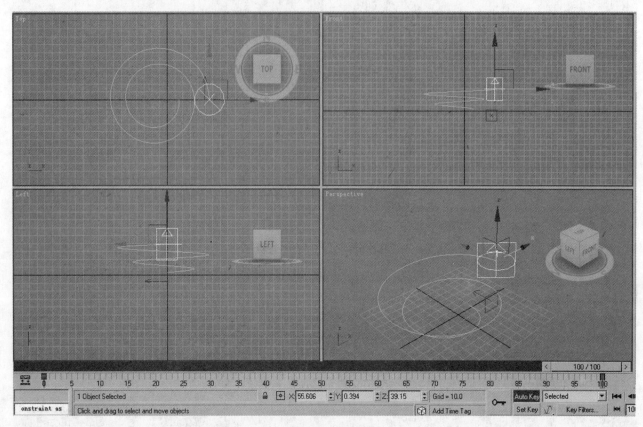

⊕ 图　4-78

接下来要手动设定分子射出的方向，目的是要分子系统沿着路径自行转动，而不是永远朝同一方向射出。通过 Top 视图看螺旋体路径，为了让分子射出的方向垂直与圆路径相切，把圆形分成四个控制点，只要在这四个点设定好旋转方向即可。同时确认 Auto Key 处于启动状态，拖动时间滑块，直到分子移动到适合的位置，通过旋转工具使粒子方向射向正后方，如图 4-79 所示。

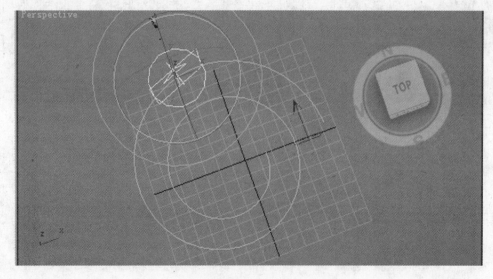

⊕ 图　4-79

设置完成后，可以渲染并输出动画文件。

4.3 中国风水墨动态背景制作

启动 3ds max，打开"创建"命令面板，单击"图形"按钮，在下拉列表框中选择"样条线"选项。单击创建面板中的"线"按钮，在视图中绘制一个线条 Line01。单击"圆"按钮，在视图中绘制一个圆形 Circle01，如图 4-80 所示。

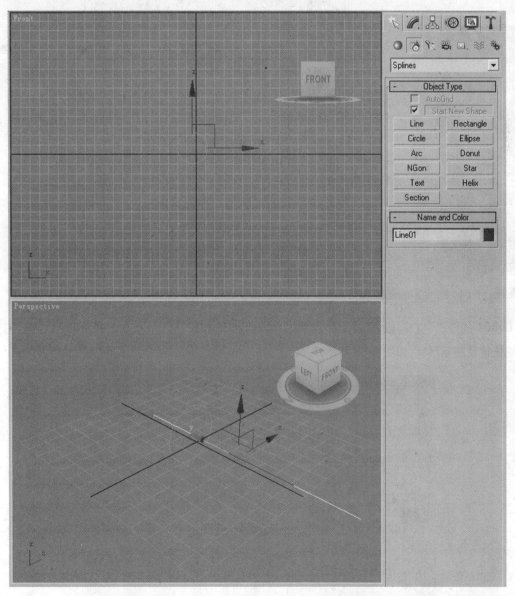

⊕ 图 4-80

要把圆与线段相互垂直，可以通过工具栏上的"对齐"按钮进行中心对齐，如图 4-81 所示。

单击"创建"命令面板中的"几何体"按钮，在下拉列表中选择"复合对象"选项。先选中 Line01，单击"放样"按钮，再单击"创建方法"卷展栏中单击"获取图形"按钮，在视图中选择 Circle01，于是生成一复合体 Loft01，如图 4-82 所示。

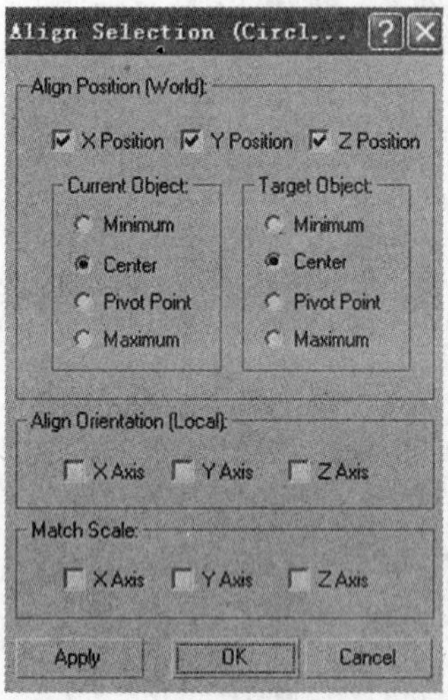

图 4-81

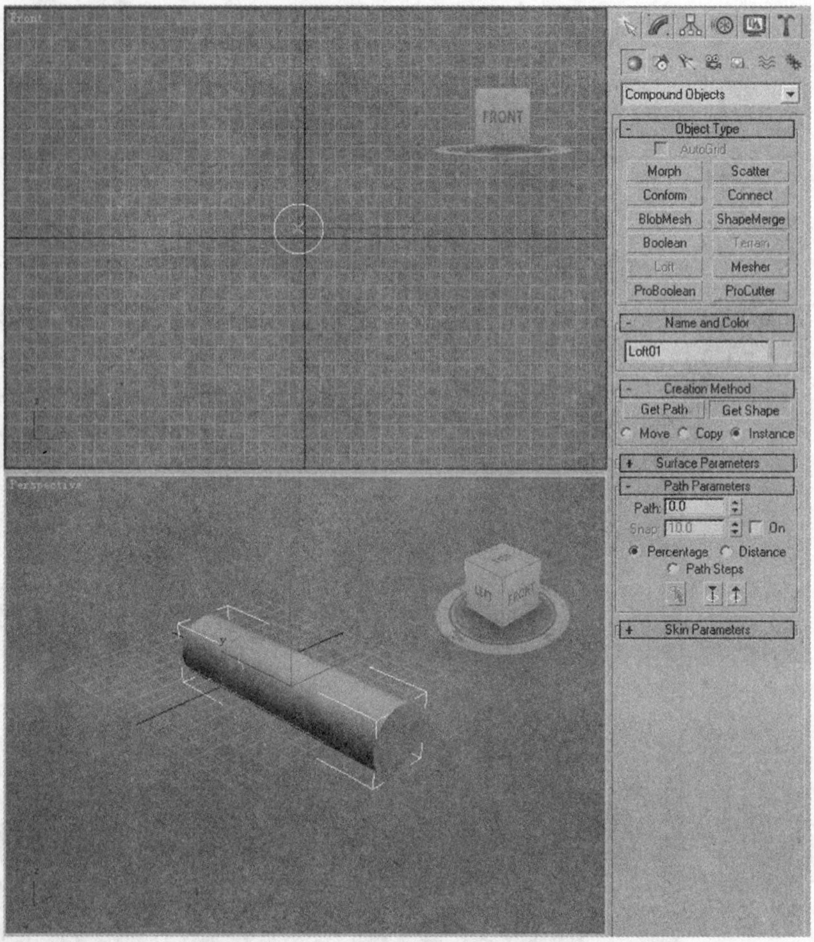

图 4-82

进入 Loft01 的修改命令面板，打开 Loft 卷展栏，单击 Scale 按钮，打开 Scale Deformation（缩放变形）窗口，调整角点的位置及线条形状，如图 4-83 所示。

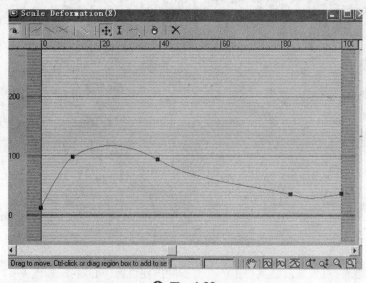

图 4-83

可以通过增加"角点"，设置平滑度来调整线条的形状，从而影响 Loft01 的形状，基本造型就可以产生了，如图 4-84 所示。

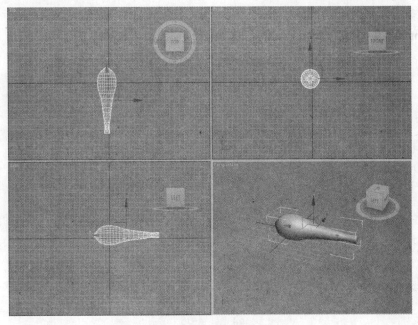

⊕ 图　4-84

　　此时看上去鱼身显得还是很僵硬,可在"修改器列表"下拉列表中选择"FFD 4×4×4"项,并调整各个控制点,另外,可以添加"网格平滑"修改器。最终效果如图 4-85 所示。

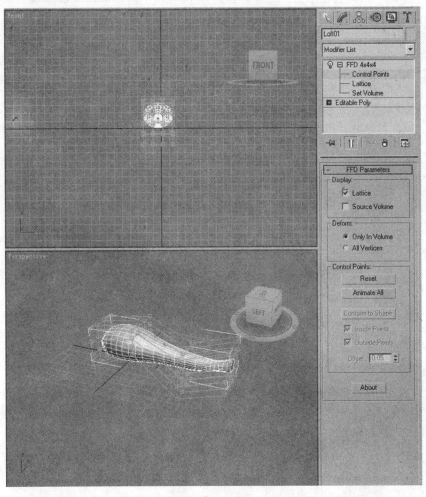

⊕ 图　4-85

（采）

单击"创建"命令面板，单击"图形"按钮，在下拉列表框中选择"样条线"选项。单击"创建"面板中的"线"按钮，在 Front 视图中绘制一线条 Line02，形状类似楔子，如图 4-86 所示。

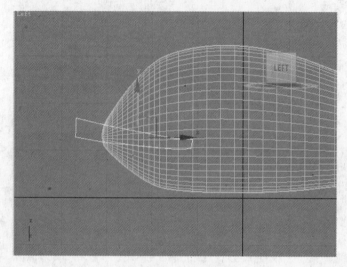

图 4-86

在"修改器列表"下拉框中选择"挤出"选项，打开参数卷展栏，调整数量值，如图 4-87 所示。

选中 Loft01，单击"创建"命令面板中的"几何体"按钮，在下拉列表中选择"复合对象"选项，单击"布尔"按钮，在"拾取布尔"卷展栏中单击"拾取操作对象 B"按钮，选择视图中的 Line02，形成鱼嘴效果，如图 4-88 所示。

图 4-87

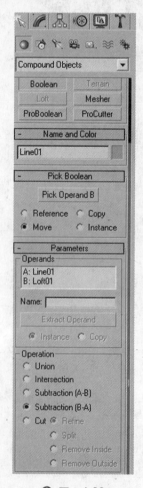

图 4-88

接着绘制鱼尾,在前视图中绘制一线条 Line03,如图 4-89 所示。

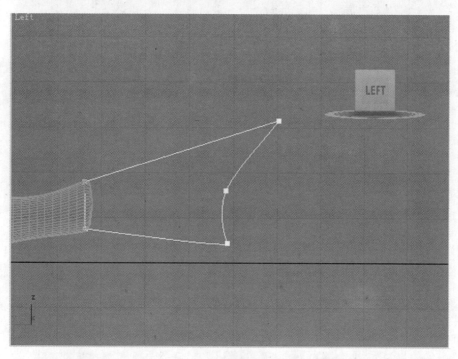

可以选择"修改器列表"下拉框中的"挤出"选项,将它生成一实体,同样通过"FFD 2×2×2"修改器,调整尾巴的形状,如图 4-90 所示。

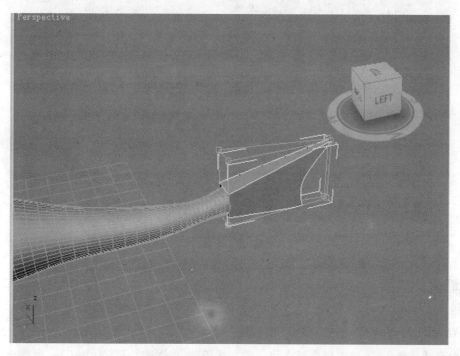

❶ 图 4-90

如法炮制,为鱼绘制其他的鱼鳍,通过"FFD 2×2×2"修改器调整厚度和形态,最终为它添加两个眼睛(球),再将鱼身、鱼尾、鱼鳍、眼睛组合为一个整体,效果如图 4-91 所示。

复制多个鱼的实体,并调整其大小及位置,按住 Ctrl + C 组合键产生摄像机视图,如图 4-92 所示。

⬆ 图 4-91

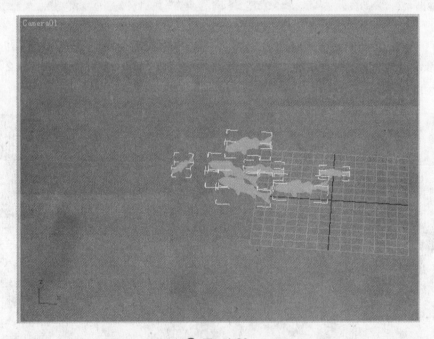

⬆ 图 4-92

　　单击"创建"命令面板中的"空间扭曲"选项,在下拉列表中选择"几何/可变形"选项,单击"波浪"按钮,在前视图中绘制一波浪 Wave01,并复制一个 Wave02,注意波浪的方向与鱼的游动方向应一致。打开"参数"栏,调整其振幅,Wave01 和 Wave02 的参数设置分别如图 4-93 所示。

　　单击中间大点的几条鱼,单击"绑定到空间扭曲"按钮,在视图中选择 Wave01;同样地,选择其他的几条鱼,单击"绑定到空间扭曲"按钮,选择视图中的 Wave02。效果如图 4-94 所示。

　　全部选中鱼,将它们移出顶视图外,为方便操作可留下一条鱼,使摄像机视图中不再显示鱼即可。在动画控制区,单击"自动关键点"按钮,将滑块移动到第 100 帧,同时将所有的鱼移到视图中,以摄像机视图为准,单击"自动关键点"关闭动画的设置,如图 4-95 所示。

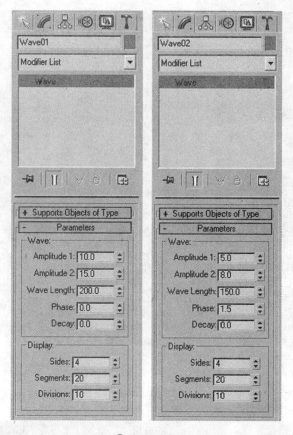

⊕ 图　4-93

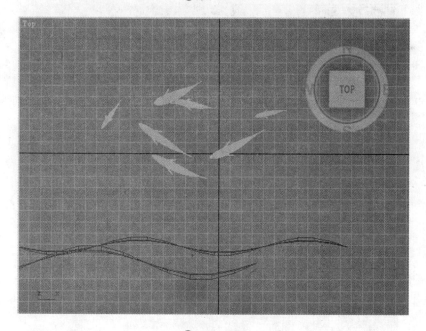

⊕ 图　4-94

接着按下 M 键,打开"材质编辑器"窗口,选择第一个样球,打开贴图,单击"漫反射颜色"后面的 None 按钮,为其添加衰减贴图,如图 4-96 所示。

再对衰减贴图的曲线以及参数进行设置,以达到满意的效果,如图 4-97 所示。

将贴图复制给"高光颜色"、"不透明度"后面的 None 按钮上。注意将"不透明度"的衰减参数中的颜色对调一下,如图 4-98 所示。

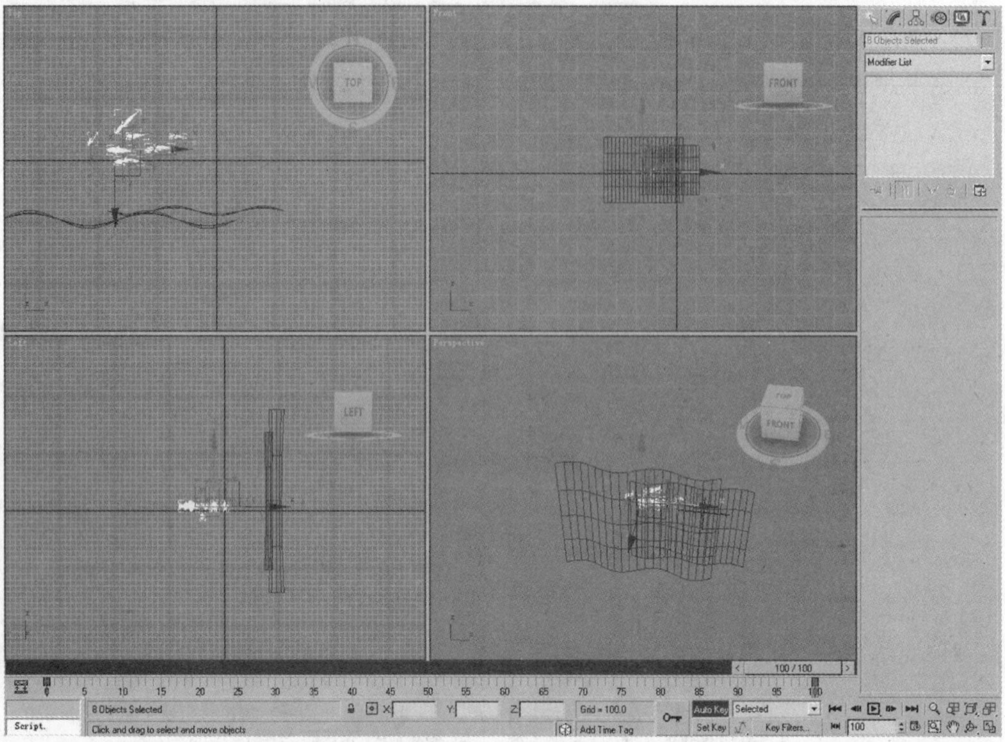

图 4-95

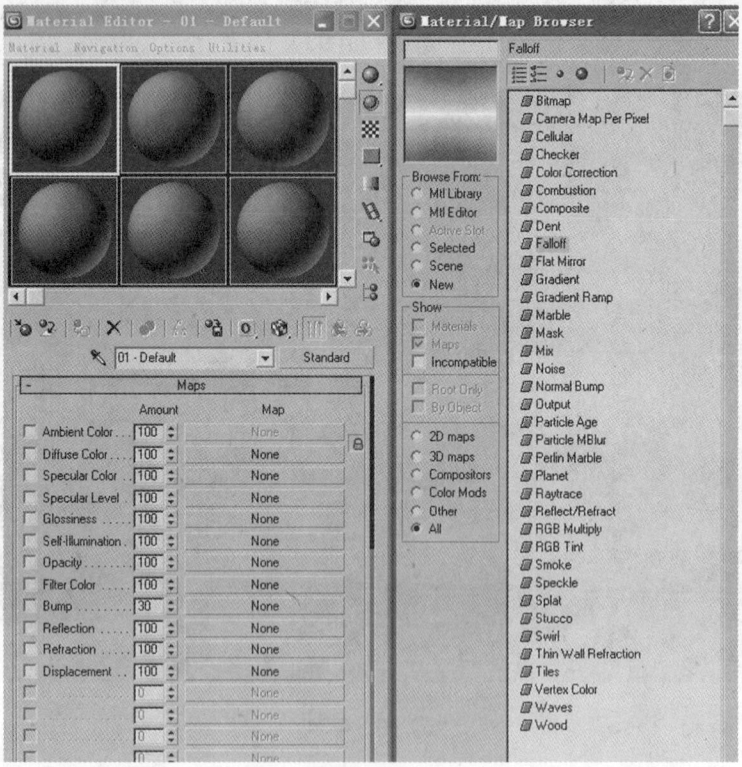

图 4-96

继续调整“Blinn 基本参数”卷展栏中的反射高光值等参数，如图 4-99 所示。

将第一个样本球材质赋予所有的鱼。打开“渲染”菜单中的“环境”命令，为背景颜色指定一淡米黄色，模仿宣纸的效果。渲染效果如图 4-100 所示。

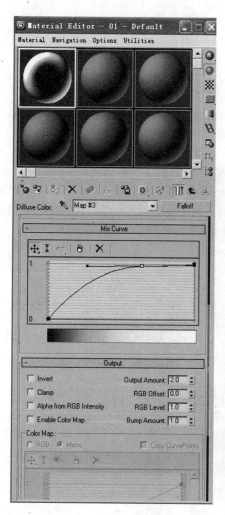

❶ 图　4-97

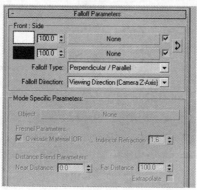

❶ 图　4-98

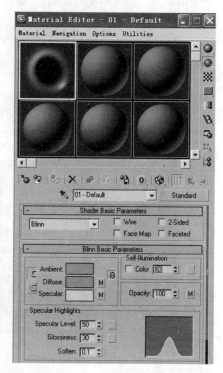

❶ 图　4-99

❶ 图　4-100

4.4　舞动丝带动态背景制作

在制作丝带舞动片头动画之前，首先要在草图上简要地绘制一下想要达到的动画效果，即丝带舞动的路径。在创建命令面板中，单击 Shapes（平面图形）层级，在其下拉列表中选择 Nurbs Curves 曲线类型，在 Top 视图中画出如图 4-101 所示的曲线，创建丝带舞动的路径。

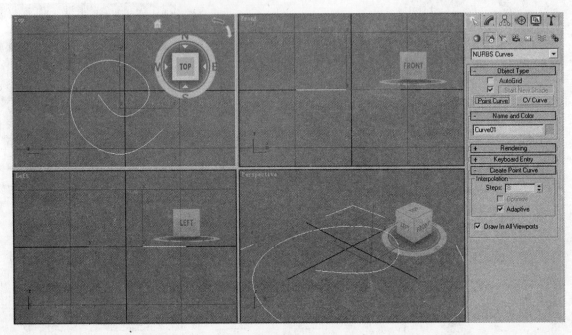

⊕ 图　4-101

进入修改命令面板中，进入 Point（点）的次物体层级中，在视图中拖动各点对螺旋线进行调整，使其形成立体效果，如图 4-102 所示。

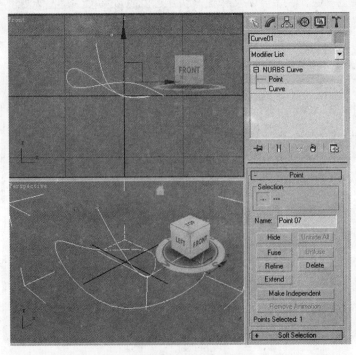

⊕ 图　4-102

在命令面板上单击 Geometry（几何体）按钮，在其下拉列表中选择 Extended Primitives（扩展几何体）选项，然后单击 ChamferBox（导角方体）按钮，在 Top 视图中创建一个导角方体，设置其 Length（长度）值为 30，Width（宽度）值为 300，Height（高度）值为 2，Fillet（导角）值为 2，如图 4-103 所示。

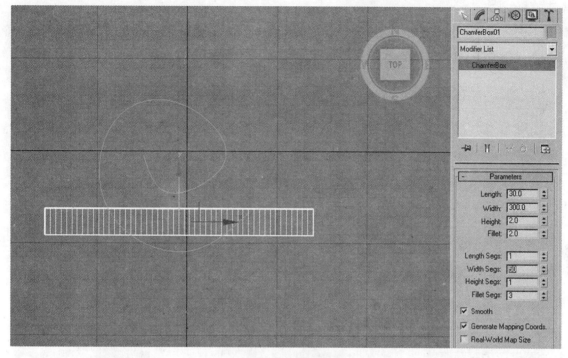

⊕ 图　4-103

创建丝带上面的文字。在创建命令面板中，在 Shapes（平面图形）层级的 Splines（线）层级中单击 Text（文本）按钮，在其下面的文字输入框内输入"舞动的丝带"几个字，并将其字体设置为楷体，具体参数设置如图 4-104 所示。

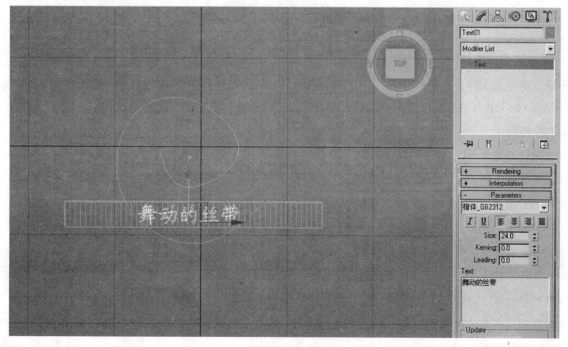

⊕ 图　4-104

然后选择文字，进入修改命令面板中，加入 Bevel（倒角）修改器，参数设置如图 4-105 所示。

打开 Rendering（渲染）卷展栏，选中 Enable In Renderer（可渲染）选项，在 Radial 选项中将 Thickness 值设置为 1.6，这样制作的线框文字就可以正常渲染了，如图 4-106 所示。同时需要注意，在 Left 视图中将其移动到导角方体的上方。

制作丝带舞动的动画。在 Top 视图中选择导角方体，即丝带模型，然后单击 Modify 按钮进入修改命令面板中，为其加入一个 Path Deform（Wsm）（路径变形）修改项，如图 4-107 所示。

图 4-105

图 4-106

图 4-107

在修改命令面板的下方单击 Pick Path（拾取路径）按钮，然后在视图中单击已绘制的曲线，并在命令面板中单击 Move to Path（移动到路径）按钮，这时会发现丝带已经移到了路径的起点上。单击 X 轴，使其正常显示，如图 4-108 所示。

接着需要调整其参数，其中 Rotation（旋转）值为 -90，Twist（扭曲）值为 960。修改效果如图 4-109 所示。

单击屏幕下方的 Auto Key（自动关键帧）按钮打开动画记录，首先将滑块拖动到第 0 帧，在命令面板上设置其 Percent 值为 15；再拖动滑块到第 100 帧，设置其 Percent 的值为 120。再次单击 Auto Key（自动关键帧）按钮关闭"动画记录"按钮，按下"播放"按钮，会发现丝带已经舞动起来了，如图 4-110 所示。

下面开始制作文字舞动的动画，文字随丝带舞动的动画设置同丝带是一样的，这里不做详细说明。还有一个简便的文字动画设置方法，即可以在修改命令面板下的 Path Deform（Wsm）选项上按住鼠标左键直接拖动到视图中的文字上即可，相当于将丝带的动画设置效果复制给了文字，如图 4-111 所示。

通过在透视图中使用视图旋转工具对视图进行调整，调整后要达到的效果是：丝带从右下角飞入，从左上角飞出，如图 4-112 所示。

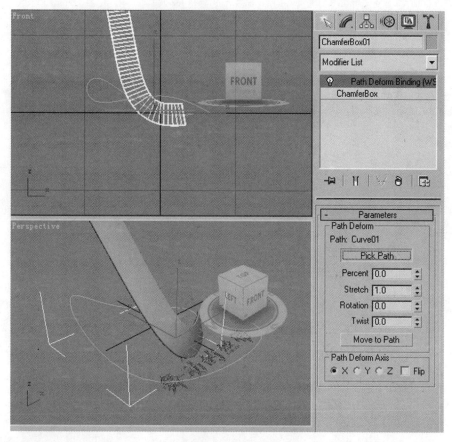

图　4-108

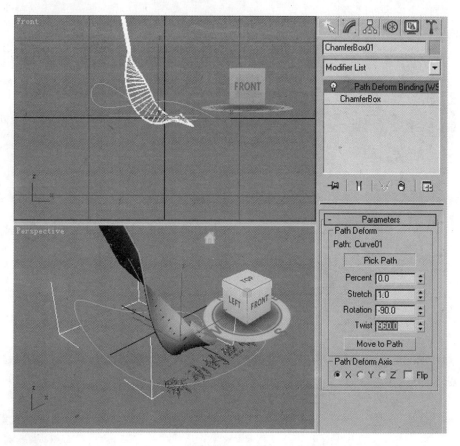

图　4-109

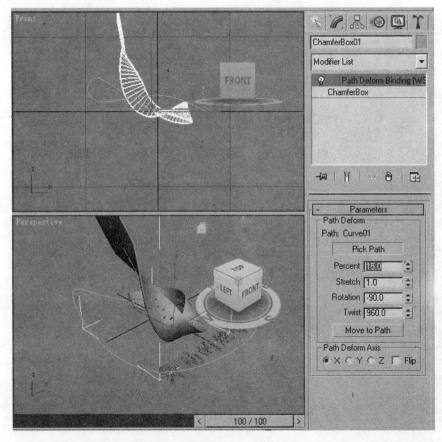

图 4-110

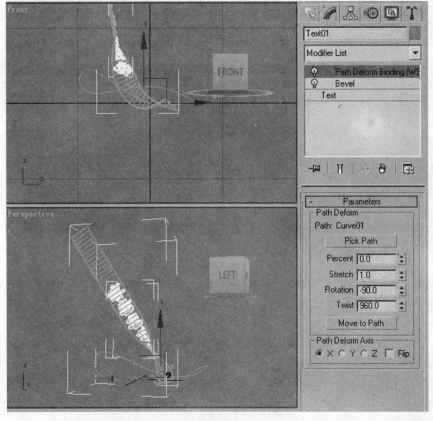

图 4-111

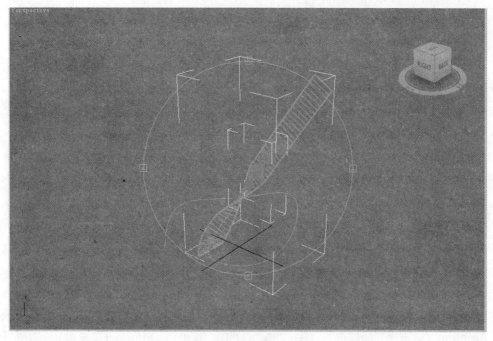

⊕ 图 4-112

将制作完成的丝带舞动动画进行原样复制。首先选择场景中的所有物体,然后按下工具栏上的 Mirror 工具,在弹出的菜单中选择 Copy 项,选中 Y 轴,按下"确定"按钮,然后调整镜像后的丝带动画场景如图 4-113 所示。

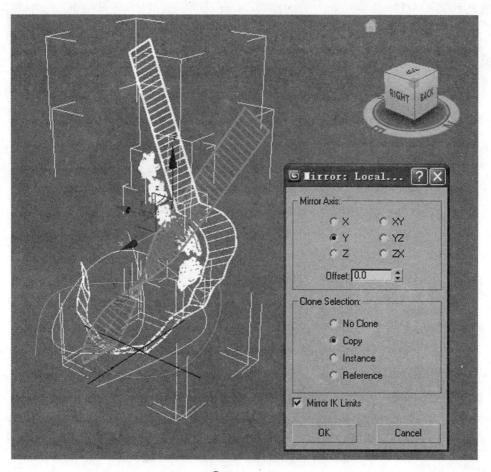

⊕ 图 4-113

最终制作完成的动画场景如图 4-114 所示,即两条同样的丝带在场景中飞舞。

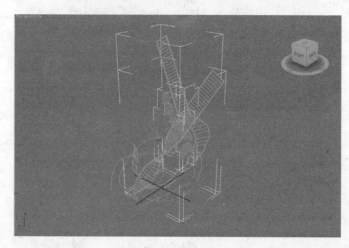

⊕ 图 4-114

在工具栏上单击 Material Editor(材质编辑器)按钮打开材质编辑器,选择一个材质示例球,设置其材质类型为 Blinn, Ambient(环境光)的颜色为(R:255, G:0, B:0), Diffuse(漫反射)的颜色为(R:255, G:62, B:0), Specular(高光反射)的颜色为(R:255, G:255, B:0); Self-Illumination(自发光)的颜色为(R:201, G:152, B:0); Specular Level(高光级别)的值为 253, Glossiness(光泽度)的值为 33, Soften(柔化)的值为 0.1; 选中 Falloff(衰减)下的 In 按钮,设置其 Amt 的值为 86,将设置好的材质指定给场景中的文字,如图 4-115 所示。

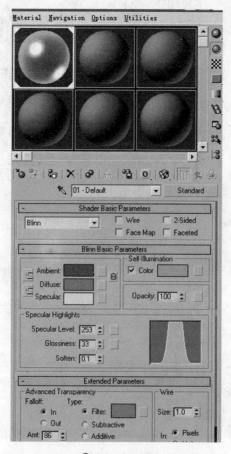

⊕ 图 4-115

再选择一个材质球,设置其材质类型为 Metal,Ambient 的颜色为（R：255，G：126，B：0），Diffuse（漫反射）的颜色为（R：255，G：126，B：0）；Self-Illumination（自发光）的值为 0；Specular Level（高光级别）的值为 76，Glossiness（光泽度）的值为 67；选中 Falloff（衰减）下的 In 按钮,设置其 Amt 的值为 60,如图 4-116 所示。

在片头动画设计制作过程中,最常用的就是金属滚光效果。下面就来制作该效果。首先挑选一张金色底纹图片,如图 4-117 所示。

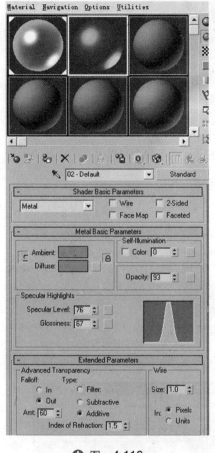

🛈 图　4-116

🛈 图　4-117

在材质编辑器中单击 Maps(贴图)按钮,在弹出的贴图菜单中单击 Reflection(反射)贴图右侧的 None 按钮,在弹出的窗口中单击 Bitmap（位图）模式,然后选择挑选好的贴图,在 Cropping/Placement 选项下选中 Apply 按钮,单击 View Image 按钮打开图像,单击屏幕下方的 Auto Key（自动关键帧）按钮打开动画记录功能。首先将滑块拖动到第 0 帧,然后将图像上的方框调整为如图 4-118 所示,并且放置在左小角的位置,再拖动滑块到第 100 帧,将图像上的方框拖动到右上角的位置,此时再次单击 Auto Key（自动关键帧）按钮关闭动画记录按钮,按下"播放"按钮,会发现金属滚光效果已经制作出来了,将制作好的材质指定给场景中的丝带。

单击工具栏上 Rendering/Environment 进入环境设置选项,单击 Environment Map（环境贴图）选项下的 None（无）按钮,在弹出的窗口中选择 Bitmap（位图）选项,这里选择的是一组图像序列作为背景,之所以选择图像序列是因为这样制作出的背景效果是动态的。在实际制作过程中,如果没有动态序列背景图像,也可以选择一张单一的图像作为背景,如图 4-119 所示。

单击工具栏上的 Render Scene Dialog（渲染场景对话框）按钮打开渲染设置对话框,在 Time Output（时间输出）选项下选中 Active Time Segment（活动时间段）：0 to 100,在 Output Size（输出大小）选项下选择

Custom（自定义）设置，设置 Width（宽度）为 720，Height（高度）为 576，再单击 Render Output（浸染输出）选项下的 Files（文件）按钮，设置渲染图像类型为 AVI 格式，最后按下 Render（渲染）按钮开始渲染。具体设置如图 4-120 所示。

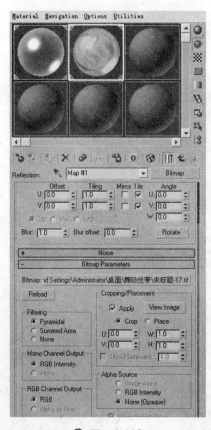

图 4-118

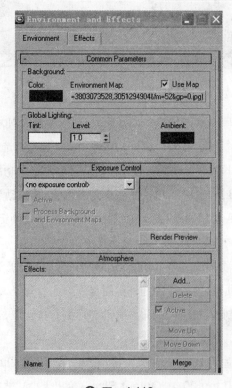

图 4-119

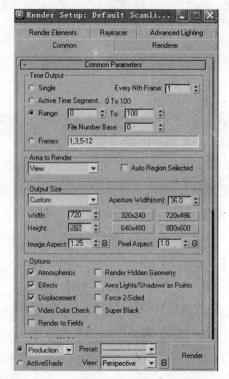

图 4-120

渲染完成后，可以查看如图 4-121 所示的最终渲染效果。

⊕ 图　4-121

4.5　流光溢彩动态背景制作

首先单击"创建"命令面板中的 Geometry 按钮，在下拉菜单中选择 Extended Primitives，按下 Torus Knot 按钮，在前视图中建立一个环形结，如图 4-122 所示。

选中环形结后进入修改命令面板，在 Base Curve 选项中将 Radius 参数设置为 40，将 Segments 设置为 500，并设置 P 为 8、Q 为 1；在 Cross Section 选项中设置 Radius 为 5，Sides 为 30，其余参数保持默认值。在修改命令面板中为面包圈加入 Taper 修改器，将 Amount 值修改为 10，如图 4-123 所示。

这样可以得到一个如图 4-124 所示的模型，接下来就开始编辑它的材质。

按下 M 键，打开材质编辑器，单击 Standard 按钮，在弹出的对话框中将材质类型设置为 Blend，单击 Material1 后面的按钮进入第一个子材质，设置 Ambient 和 Diffuse 的颜色为黑色，将 Specular Level 和 Glossiness 参数设置为 0。展开 Extended Parameters 卷展栏，在 Falloff 选项中将 Amt 设置为 100，在 Type 选项中选择 Addit 方式，如图 4-125 所示。

单击"返回上一级材质"按钮，再单击 Material 2 后面的按钮，进入第二个子材质，将 Specular Level 和 Glossiness 设置为 0，展开 Extended Parameters 卷展栏，将 Amt 设置为 100，在 Type 选项中选择 Addit。展开 Maps 卷展栏，单击 Diffuse Color 旁的 None 按钮，在弹出的 Material/Map Browser 对话框中选择 Gradient Ramp 贴图，对 Gradient Ramp 进行设置。展开 Output 卷展栏，为了加强亮度，将 RGB Level 设置为 8。参数设置如图 4-126 所示。

⊕ 图　4-122

图 4-123

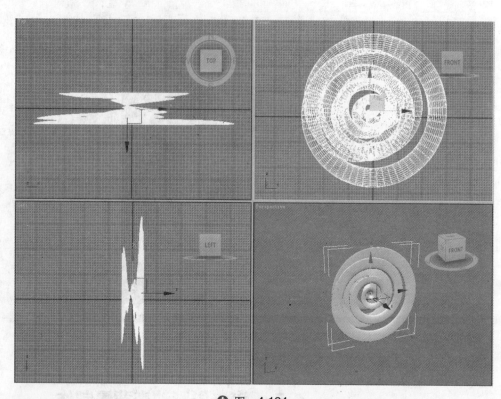

图 4-124

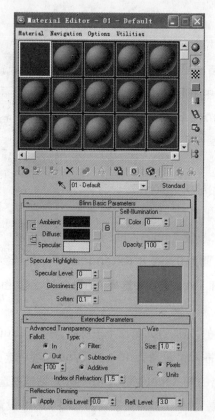

图 4-125

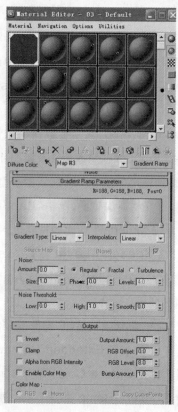

图 4-126

返回到 Blend 材质面板,单击 Mask 后面的按钮,在弹出的对话框中选择 Falloff,对 Falloff 贴图进行设置。展开 Output 卷展栏将 RGB Level 设置为 2。参数设置如图 4-127 所示。

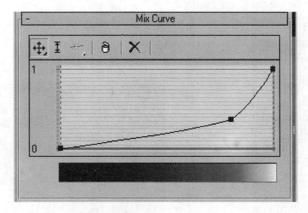

图　4-127

这样材质编辑就完成了,单击"将材质指定给选定物体"按钮,将材质赋予模型,如图 4-128 所示。

可以调整透视图角度,选择合适的透视图进行渲染,这样可以比较好地看到许多圆形的彩色线条的效果,如图 4-129 所示。

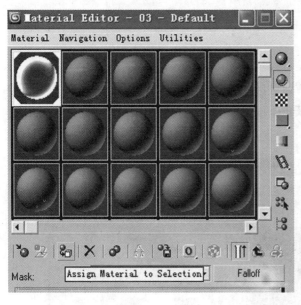

图　4-128

图　4-129

接着设置模型和材质的动画,使这些线条动起来。在视图中选中模型,进入修改命令面板,选中堆栈中的 Torus Kon,在时间轴的第 0 帧按下 Auto key 按钮开始记录动画。将时间滑块拖到 100 帧处,将 P 修改为 10,将 Cross Section 选项中的 Radius 修改为 15。单击堆栈中的 Taper 修改器,将 Amount 修改为 5,如图 4-130 所示。

现在播放动画,可以看到模型开始不断地变化,当然线条也就不断地变化了。我们还希望材质的颜色和亮度也是不断变化的,所以也按照同样的方法将材质的修改过程记录为动画。

打开材质编辑器,单击 Material 2 子材质后面的按钮,在 Maps 卷展栏中单击 Gradient Ramp 贴图。按下 Animate 按钮,在 100 帧处将 Coordinates 卷展栏的 Angle 项中的 V 参数值修改为 10。在 Output 卷展栏中将 RGB Level 修改为 3,如图 4-131 所示。

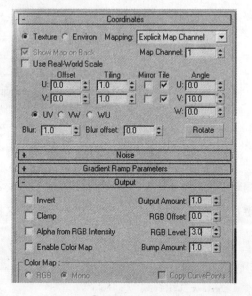

图 4-130　　　　　　　　　　　　　　图 4-131

　　这样就把所有的动画都设置完成了。接着打开渲染设置窗口,在 Time Output 选项中选择 Active Time 0 to 100,选择合适的渲染尺寸,在 Render Output 选项中单击 Files 按钮,选择文件保存的路径和格式后,对动画进行渲染,如图 4-132 所示。

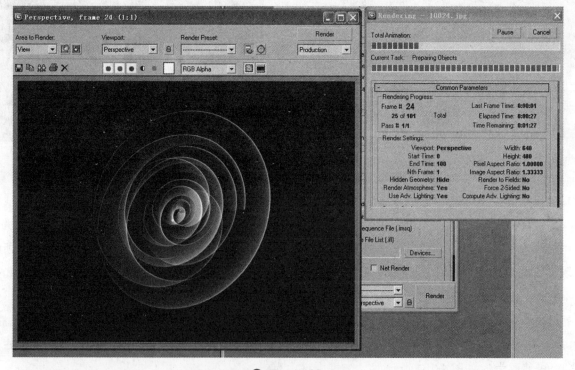

图　4-132

渲染完成就可以得到动画文件,最终的效果如图 4-133 所示。

⊕ 图　4-133

4.6　影视频道动态背景综合制作

电视栏目包装中片头制作占据了主要的位置,甚至片头成为整个包装的代名词,做任何事情大多需要有一个预先的规划,作为使用复杂计算机工具来制作电视美学形态的电视包装,也有其比较规范的制作流程,这个流程可以让我们更为快速地解决问题,达到理想的视觉效果。

正规的电视包装的制作过程非常复杂,其中包括前期调研,品牌的定位与制作,整体策划和设计,最后是具体的制作。

包装的一般步骤如下。

(1) 确定将要服务的目标。

(2) 确定制作包装的整体风格、色彩节奏等。

(3) 设计分镜头脚本,绘制故事板。

(4) 进行音乐的设计制作与视频设计的沟通,拿出解决方案。

(5) 将制作方案与客户沟通,确定最终的制作方案。

(6) 执行设计好的制作过程,包括涉及的 3D 制作、实际拍摄、音乐制作等。

(7) 最终合成为成片并进行输出播放。

本案例将制作一个影视频道的片头包装动画,应用 3ds max 软件制作并渲染输出。

打开 3ds max 软件,首先打开"时间配置"按钮,在 Time Configuration 对话框中,设置 Frame Rate 为 PAL,设置 Animation 下的 End Time 选项值为 200,单击 OK 按钮,如图 4-134 所示。

单击 Top 视图,接着单击创建面板下的几何体,选择 Plane 按钮,在 Top 视图中创建一个平面物体 Plane01。进入修改命令面板,选中平面物体,在其参数卷展栏下设置 Length 为 2000、Width 为 2000、Length Segs. 和 Width Segs. 都为 1,如图 4-135 所示。

单击"创建图形"按钮下的"文字"命令按钮,在 Top 视图中输入英文 Movie 以及中文电影频道。修改英文字体为 Arial,文字大小(Size) 为 60。单击"文字下划线"按钮,接着修改中文字体为黑体,文字大小为 100,如图 4-136 所示。

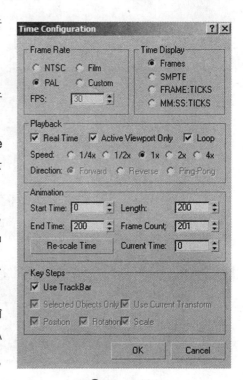

⊕ 图　4-134

选中英文字体,单击修改器卷展栏,在其下拉菜单中单击 Extrude 修改器,设定其 Amount 数值为 10。接着选中中文字体,单击修改器卷展栏,在其下拉菜单中单击 Extrude 修改器,设定其 Amount 数值为 20,如图 4-137 所示。

单击 Left 视图,在此视图中需要创建文字运动路径,单击"创建图形"按钮下的 Arc 选项,在视图中创建一个弧形线 Arc01。展开 Rendering 卷展栏,选中 Enable in Renderer 和 Enable In Viewport 项,设置 Thickness 为 1,如图 4-138 所示。

进入修改器卷展栏,在 Parameters 下修改弧线参数,具体设置如图 4-139 所示。

图 4-135

图 4-136

图 4-137

图 4-138

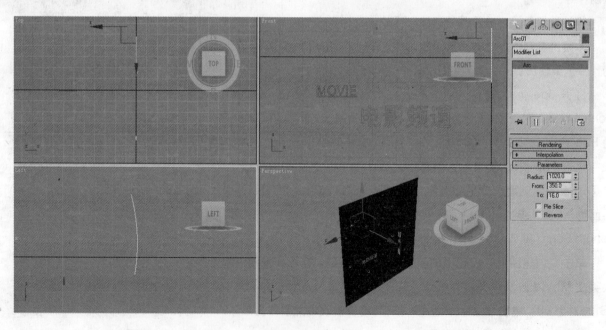

图 4-139

接着需要为场景和文字添加材质,按下 M 键,打开材质编辑器,选择一个材质球,在 Blinn Basic Parameters 卷展栏下设置 Diffuse 颜色为 R=5,G=20,B=50;选择场景中的 Plane01 物体,单击"将材质赋予选定对象"按钮,将材质赋予平面物体,如图 4-140 所示。

再选择一个新的材质球,在 Blinn Basic Parameters 展卷栏下,设置 Diffuse 颜色为 R=255, G=255, B=255,设置 Self-Illumination 下的 Color 为 100。选择场景中的 Arc01 弧线物体以及英文字体,单击"将材质赋予选定对象"按钮,将材质赋予平面物体,如图 4-141 所示。

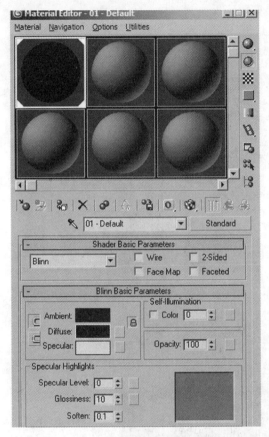

⊕ 图 4-140

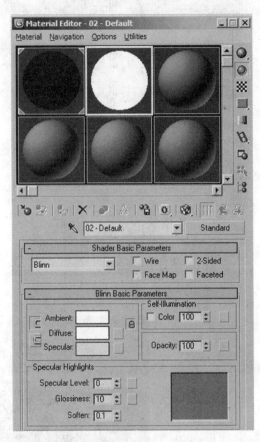

⊕ 图 4-141

下面要对中文字体添加透明玻璃材质效果。打开材质编辑器,在 Shade Basic Parameters 卷展栏里选择 Phong 材质类型,设置 Glossiness(光泽度)值为 60,Specular Level(高光级别)值为 120,Opacity(不透明度)值为 40,如图 4-142 所示。

选择一个新的材质球,展开 Maps 面板,单击 Reflection 右侧的 None 按钮,在 Material 的 Map Browser 浏览器中选择 Raytrace,设置 Reflection 的数值为 60,如图 4-143 所示。

确认选中中文字体,单击"将材质赋予选定对象"按钮,将材质赋予平面物体,如图 4-144 所示。

接着制作文字的运动效果。选择英文字体,进入修改器卷展栏,为文字添加 Pathdeform<Wsm> 修改器。在 Parameters 卷展栏下,单击 Pick Path 按钮,在视图中拾取 Arc01 弧线;单击 Move to Path 按钮,在 Path Deform Axis 下选中 Y 轴,设置 Percent 为 -2,如图 4-145 所示。

单击选中 Auto Key 按钮,将时间线滑块拖到 15 帧处,保持选中英文字体的状态,进入修改器卷展栏,设置 Percent 为 50,如图 4-146 所示。

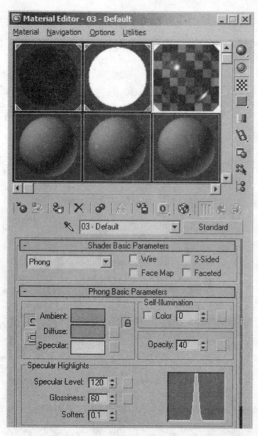

图 4-142

图 4-143

图 4-144

　　继续移动时间滑块,拖动到第 60 帧处,设置 Percent 值为 60;拖动时间滑块到第 80 帧处,设置 Percent 值为 75;拖动到第 125 帧处,设置 Percent 值为 95。再次单击选中 Auto Key 按钮,取消自动关键帧命令。效果如图 4-147 所示。

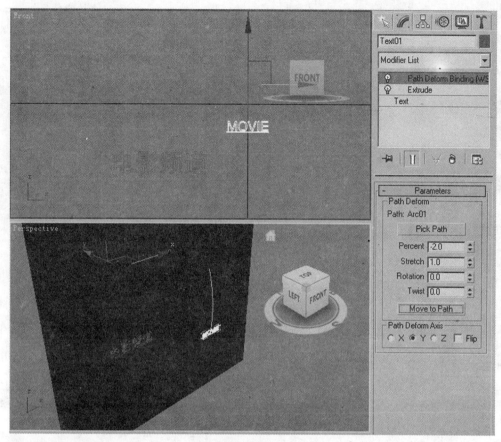

图　4-145

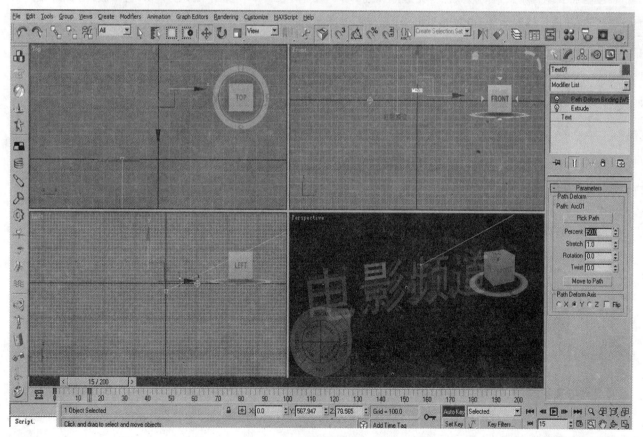

图　4-146

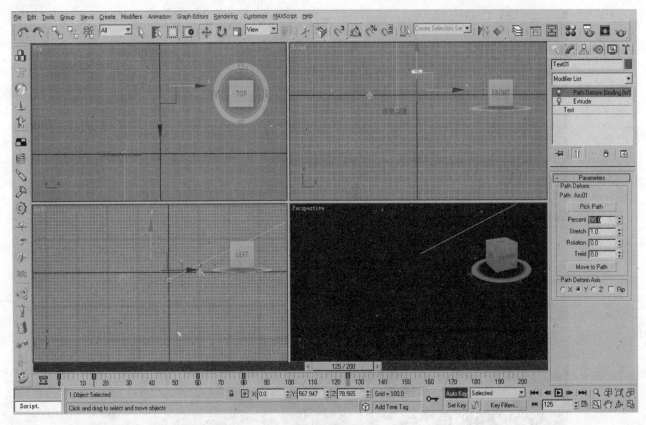

图　4-147

接着需要制作中文运动效果。首先选择弧线 Arc01 物体,在 Front 视图中按住 Shift 键不放,沿着 X 轴方向移动物体,在提示框里选择 Copy 选项即可,这样可以直接复制出 Arc02 物体,如图 4-148 所示。

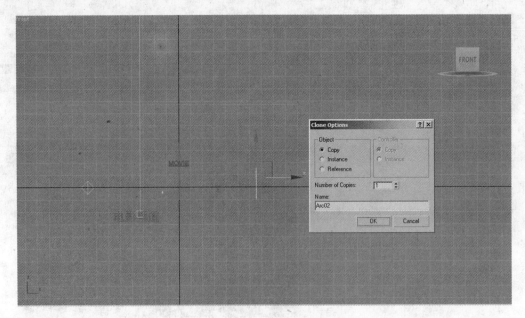

图　4-148

选择中文字体,进入修改命令卷展栏,为文字添加 Pathdeform<Wsm> 修改器。在 Parameters 卷展栏下,单击 Pick Path 按钮,在视图中拾取 Arc02 弧线。单击 Move to Path 按钮,在 Path Deform Axis 下选中 Y 轴,设置 Percent 值为 0,如图 4-149 所示。

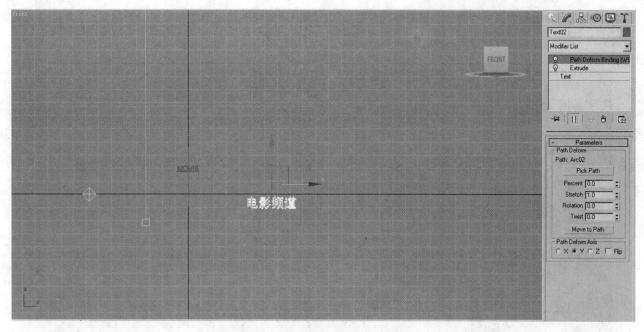

图　4-149

单击选中 Auto Key 按钮，将时间线滑块拖到第 125 帧处，设置 Percent 值为 95。再次单击 Auto Key 按钮，取消选中 Auto Key 按钮，如图 4-150 所示。

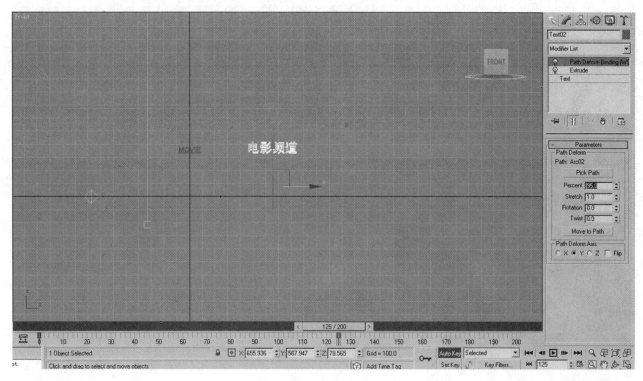

图　4-150

这时主要文字动画已经设置完成，接下来需要制作一些辅助文字运动效果。

选择弧线 Arc01 物体和英文字体，在 Front 视图中，单击激活"角度捕捉切换"按钮，按住 Shift 键不放，沿逆时针方向锁定 Z 轴，将选择物体旋转 10°进行复制，得到 Arc03 和 Text03 物体，如图 4-151 所示。

使用移动工具调整文字和弧线位置，选择 Text03 文字，进入修改器命令卷展栏。返回到 Text 次物体，在

Parameters 选项区,使文字字体不变,取消下划线设置,设置文字的 Size 为 10、Leading 为 15。在文字输入框中输入 7 行内容为 MOVIE 的文字,如图 4-152 所示。

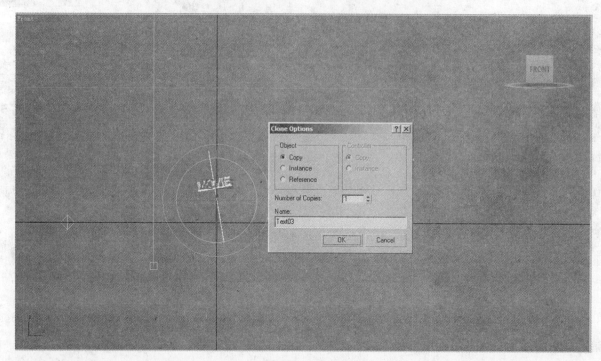

❂ 图 4-151

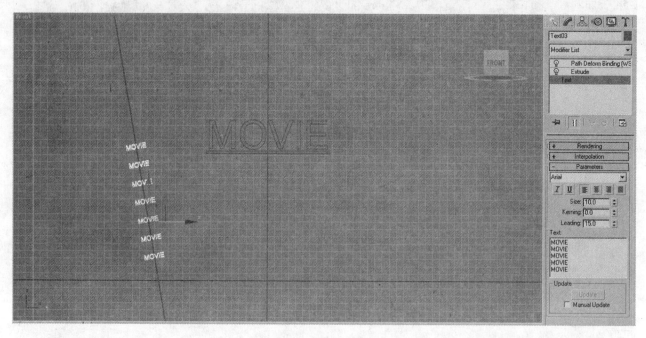

❂ 图 4-152

选择 Text03 文字的所有关键帧,按 Delete 键删除全部关键帧。单击修改器命令列表中的 Path Deform<Wsm>,设置 Percent 值为 36,如图 4-153 所示。

单击选中 Auto Key 按钮,将时间滑块移动到第 35 帧处,设置 Percent 的值为 60;接着将时间滑块移到第 125 帧处,设置 Percent 值为 80。再次单击 Auto Key,取消自动关键帧命令,如图 4-154 所示。

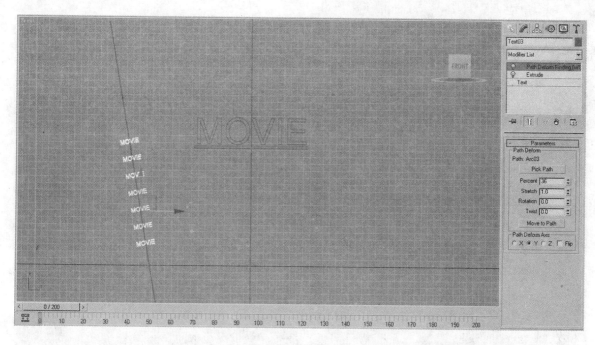

图 4-153

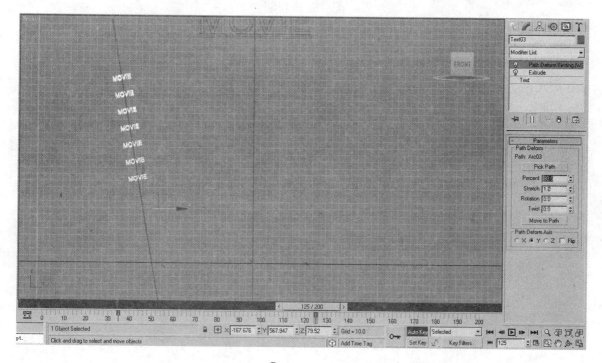

图 4-154

单击 Front 视图,选择弧线 Arc03 和平面 Plane01 等物体,按住 Shift 键,沿 X 轴正方向进行移动、复制,得到 Arc04 和 Plane02 物体,如图 4-155 所示。

选择 Plane04 物体,单击修改器命令卷展栏,在 Parameters 参数栏下,设置 Length 为 125、Width 为 8、Length Segs. 为 1、Width Segs. 为 1,如图 4-156 所示。

为 Plane02 物体添加 Pathdeform<Wsm> 修改器,在 Parameters 卷展栏下单击 Pick Path 按钮,在视图中拾取 Arc04 弧线,单击 Move to Path 按钮。在 Path Deform Axis 下选中 Y 轴,设置 Percent 为-8,如图 4-157 所示。

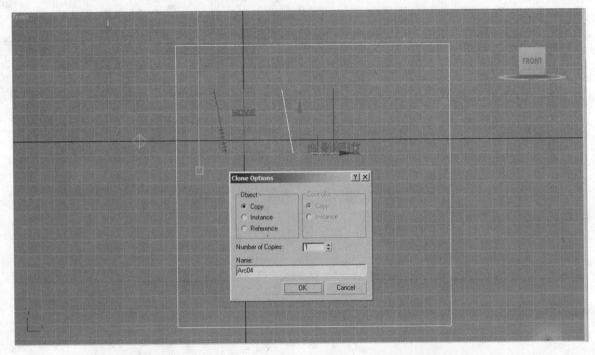

图 4-155

图 4-156

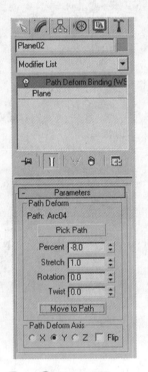

图 4-157

单击选中 Auto Key 按钮,将时间滑块移动到第 125 帧处,设置 Percent 的值为 110。再次单击 Auto Key 按钮取消自动关键帧命令,如图 4-158 所示。

按下 M 键,打开材质编辑器,保持选中 Plane02 物体不变,选择一个新材质样本球,在 Blinn Basic Parameters 卷展栏下,设置 Diffuse 颜色为 R=255、G=160、B=0,单击"将材质赋予选定对象"按钮,将材质赋予 Plane02 物体,如图 4-159 所示。

这时可以按下 F9 键,快速渲染查看效果。参考效果如图 4-160 所示。

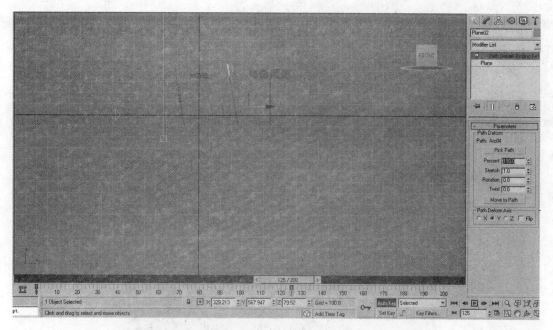

图 4-158

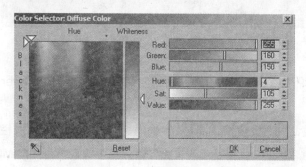

图 4-159

图 4-160

继续增加文字的运动效果。选择 Arc03 和 Text03 物体，按住 Shift 键，沿逆时针方向 Y 轴旋转 20° 进行复制，得到 Arc05 和 Text04 物体，移动到适合位置即可，如图 4-161 所示。

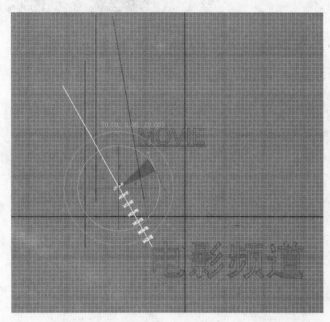

⊕ 图　4-161

选择 Arc05，进入修改器命令，取消 Rendering 卷展栏下的 Enable in Renderer 选项和 Enable in Viewport 选项的选中状态。

选择 Text04，进入修改器命令面板，返回到 Text 次物体，在 Parameters 卷展栏中，使文字字体不变，取消下划线设置，设置文字的 Size 为 20、Leading 为 0。在文字输入框中输入单行文字 MOVIE，如图 4-162 所示。

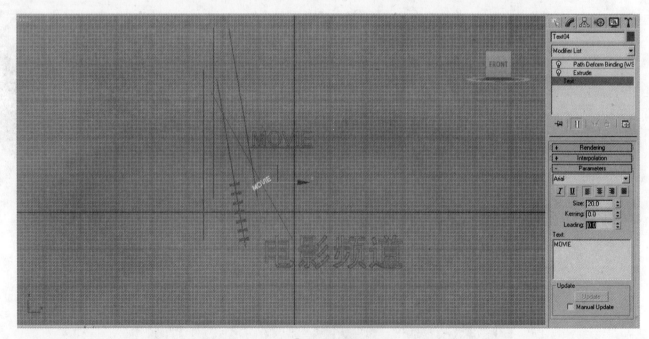

⊕ 图　4-162

选择 Text04 的所有关键帧，按 Delete 键将其全部删除。返回 Text04 的 Pathdeform<Wsm> 层级，设置 Percent 为 60，如图 4-163 所示。

单击 Auto Key 按钮，将时间滑块移动到第 35 帧处，设置 Percent 值为 36；将时间滑块移到第 65 帧处，设置 Percent 值为 60；将时间滑块移到第 110 帧处，设置 Percent 值为 50，再次单击 Auto Key，取消自动关键帧命令，如图 4-164 所示。

按下 M 键，打开材质编辑器，保持选中 Text04 物体不变，选择一个新材质样本球，在 Blinn Basic Parameters 卷展栏下，设置 Diffuse 颜色的 R=255、G=0、B=160，单击"将材质赋予选定对象"按钮，将材质赋予 Text04 物体，如图 4-165 所示。

接着为文字增加新的运动效果。选择 Arc02 和 Text02（中文字体），在 Front 视图中，单击激活"角度捕捉切换"按钮，按住 Shift 键不放，沿逆时针方向锁定 Z 轴并旋转 50° 进行物体的复制，得到 Arc06 和 Text05 物体，如图 4-166 所示。

选择 Text05 文字，进入修改器命令卷展栏，返回到 Text 次物体，在 Parameters 卷展栏中，将文字字体改为 Arial，设置文字的 Size 为 10、Leading 为 10，在 Text 输入栏中将中文字体替换为 MOVIE，文字数量可视具体效果为准，如图 4-167 所示。

返回 Text05 的 Pathdeform<Wsm> 层级，设置 Rotation 为 90，在 Path Deform Axis 下选择 X 轴，并选中 Flip 选项。如图 4-168 所示。

选择 Text05 的所有关键帧，按 Delete 键将其全部删除。返回 Text05 的 Pathdeform<Wsm> 层级，设置 Percent 值为 65。如图 4-169 所示。

单击选中 Auto Key 按钮，将时间滑块移动到第 125 帧处，设置 Percent 值为 88；再次单击 Auto Key 取消自动关键帧命令。如图 4-170 所示。

按下 M 键，打开材质编辑器，保持选中 Arc06 和 Text05 物体不变，选择之前制作的带白色自发光的材质样本球，单击"将材质赋予选定对象"按钮，将材质赋予 Text04 物体。如图 4-171 所示。

最后单击 Left 视图，对文字和弧线进行位置的调整，按下 F9 键，快速渲染查看效果，如图 4-172 所示。

❂ 图　4-163

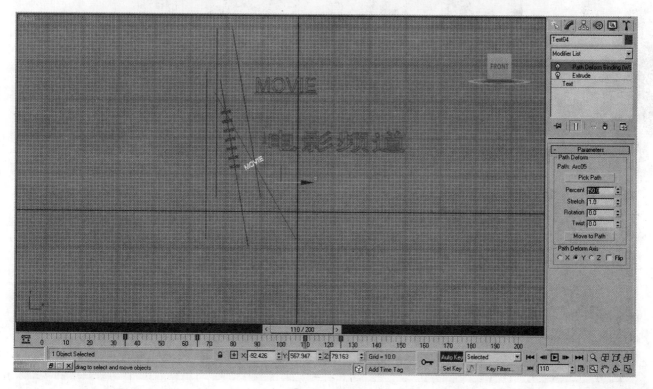

❂ 图　4-164

163

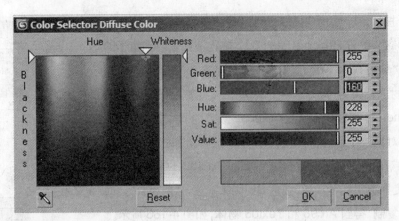

↑ 图 4-165

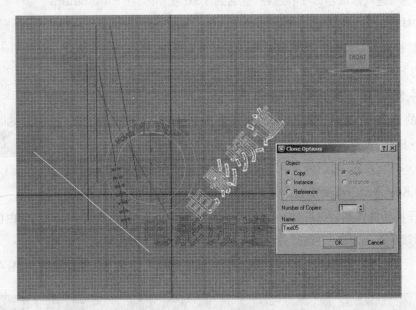

↑ 图 4-166

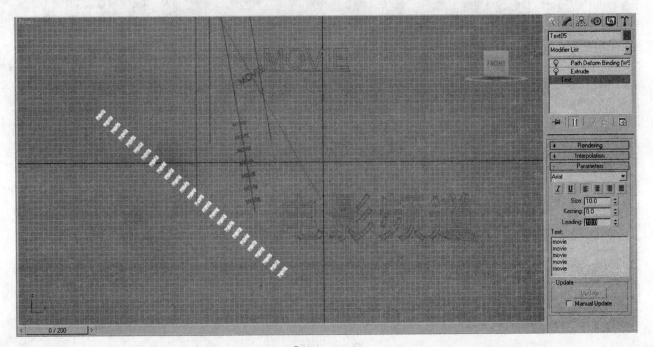

↑ 图 4-167

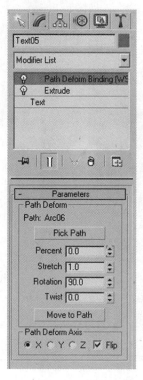

⬆ 图 4-168

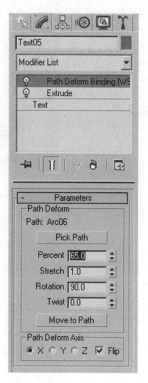

⬆ 图 4-169

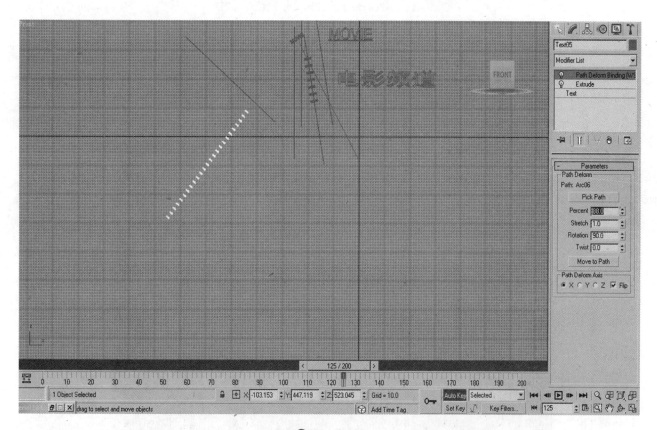

⬆ 图 4-170

通过观察可以发现,现在的画面比较暗淡,需要添加一些灯光效果来烘托艺术气氛。

单击 Left 视图,单击创建灯光命令下的 Omni 灯光选项,创建一个泛光灯 Omni01。如图 4-173 所示。

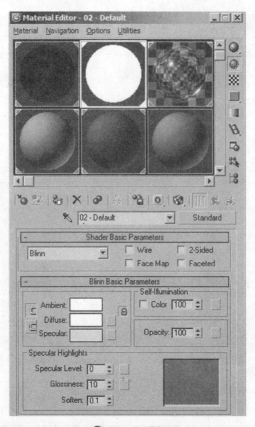

图 4-171

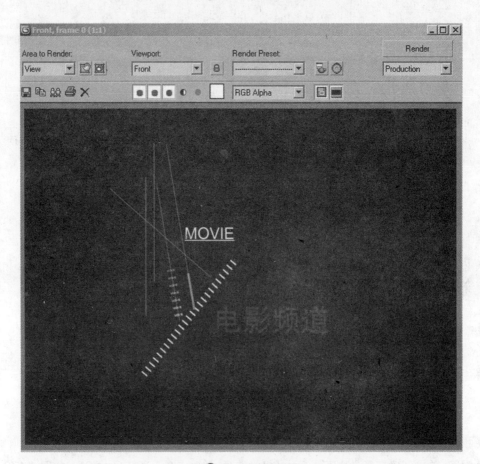

图 4-172

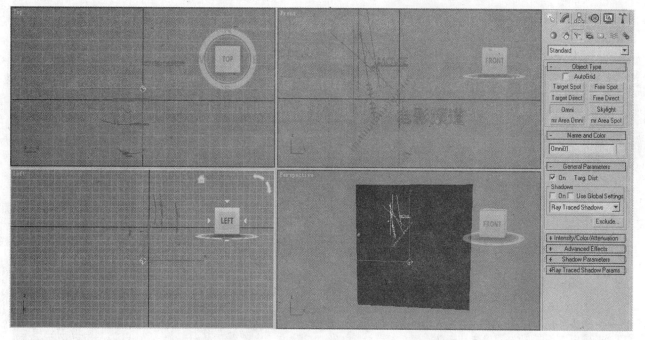

图　4-173

　　进入修改器命令面板,在 General Parameters 卷展栏下,选中 Shadows 下的 On 选项,指定阴影贴图方式为 Ray Traced Shadows。如图 4-174 所示。

　　在 Intensity/Color/Attenuation 卷展栏下,选中 Far Attenuation 下的 Use 选项和 Show 选项,设置 Start 为 80、End 为 500。如图 4-175 所示。

　　选中 Omni01 灯光物体,按住 Shift 键,沿 X 轴正方向移动,进行物体的复制,得到 Omni02 物体。在 Intensity/Color/Attenuation 卷展栏下,设置 Multiplier 为 0.3,选中 Far Attenuation 下的 Use 选项和 Show 选项,设置 Start 为 80、End 为 1060。如图 4-176 所示。

图　4-174

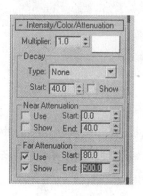

图　4-175

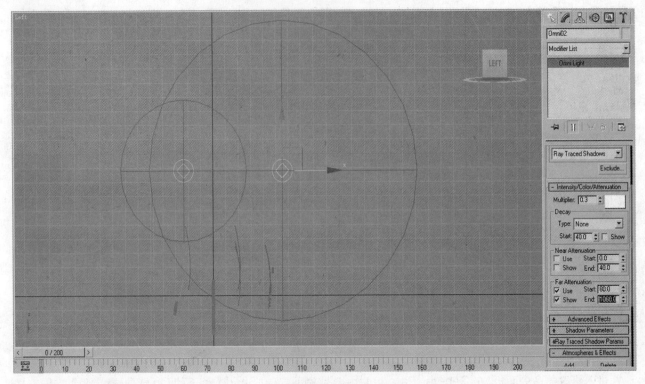

⊕ 图 4-176

选中 Omni02 灯光物体，按住 Shift 键，沿 X 轴正方向移动，对物体进行复制，得到 Omni03 物体。如图 4-177 所示。

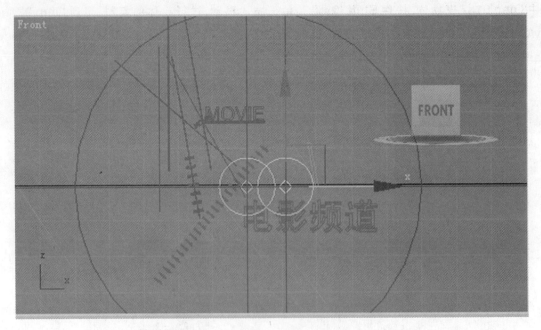

⊕ 图 4-177

进入修改命令面板，在 Intensity/Color/Attenuation 卷展栏下，设置 Multiplier 为 1，取消选中 Far Attenuation 下的 Use 选项和 Show 选项。如图 4-178 所示。

切换到 Perspective（透视）视图，使用弧形旋转工具调整透视视图的角度，按下 F9 键快速渲染，如图 4-179 所示。

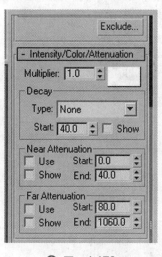

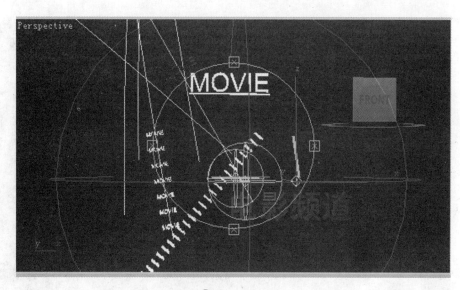

⊕ 图 4-178　　　　　　　　　　　　　　　⊕ 图 4-179

　　最后可以再创建一个摄像机的动画效果。切换到 Left 视图,单击创建命令面板下的摄像机按钮,创建
Target（目标）摄像机 Camera01。如图 4-180 所示。

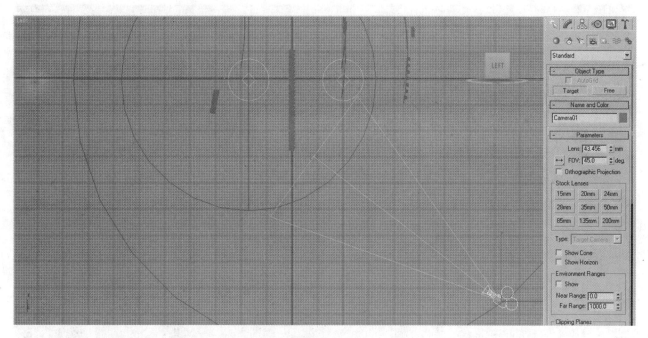

⊕ 图 4-180

　　切换到 Perspective（透视）视图,按键盘的 C 键,这时会自动切换到 Camera01（摄像机）视图。将时间
滑块移动到第 0 帧,使用推拉摄像机工具、平移视图工具调整摄像机视图的形态。如图 4-181 所示。

　　单击选中 Auto Key（自动关键帧）按钮,将时间滑块移动到第 30 帧,使用推拉摄像机工具在视图中由上至
下拖动鼠标,将摄像机视角推远；切换到 Left 视图,使用移动工具分别调整摄像机以及目标点的位置,如图 4-182
所示。

　　将时间滑块移动到第 60 帧。切换到 Left 视图,使用移动工具沿 X 轴正方向调整摄像机的位置,如图 4-183
所示。

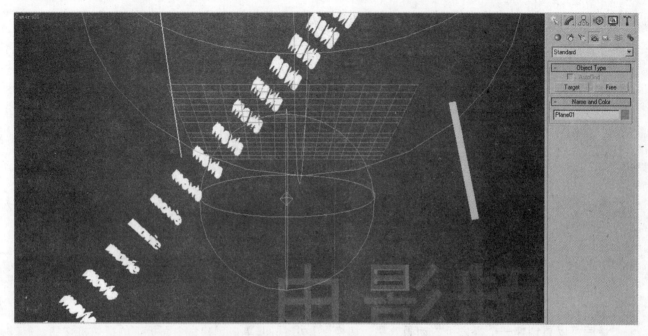

⊕ 图 4-181

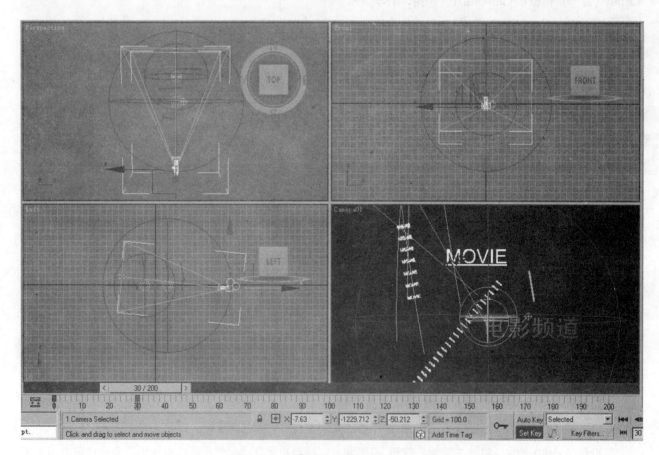

⊕ 图 4-182

　　将时间滑块移动到第 125 帧,在 Left 视图中使用移动工具沿 X 轴正方向轻微调整摄像机的上下和左右位置,如图 4-184 所示。

　　单击 Auto Key 按钮,取消自动关键帧命令。

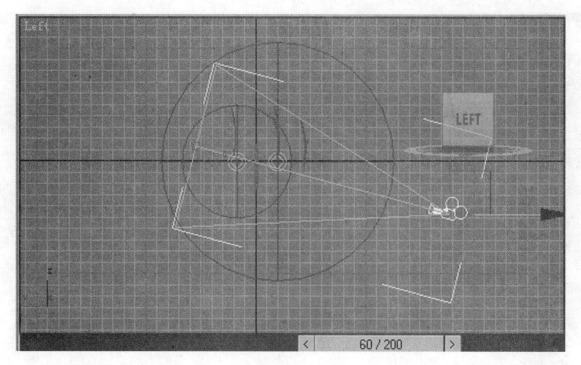

⊕ 图　4-183

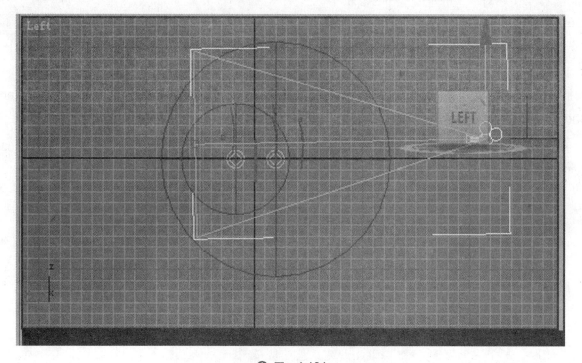

⊕ 图　4-184

　　按下 F10 键,打开"渲染场景设置"对话框,在 Time Output 选项区下,设置 Active Time Segment(活动时间段)值为"0 到 200";在 Output Size(输出尺寸)选项区下,设置 Width 为 720、Length 值为 576;在 Render Output(渲染输出)选项区下,单击 Files 按钮,在打开的 Render Output Files(渲染输出文件)对话框中,指定输出文件的保存位置,并设置一个文件名称"电影频道片头"、文件格式为 Avi,最后单击"保存"按钮,如图 4-185 所示。

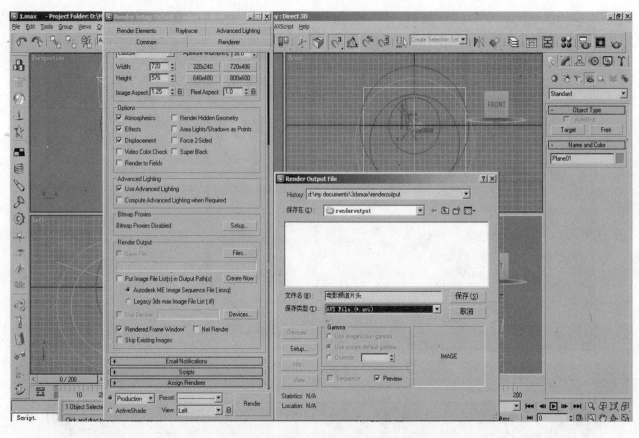

图　4-185

接着在打开的 Avi File Compression Setup（文件压缩设置）对话框中，单击 OK 按钮；再单击 Render Scene（渲染场景）按钮，单击 Render 按钮，进行动画渲染。如图 4-186 所示。

至此，动画渲染完成，渲染效果如图 4-187 所示。

等待渲染完成后，可得到完整的动画视频文件。

图　4-186

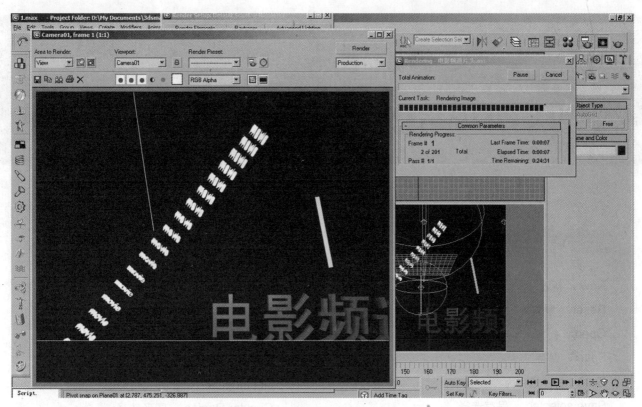

图 4-187

附 录
3ds max中英文命令翻译对照表

一、File〈文件〉菜单命令

New 新建
Reset 重置
Open 打开
Save 保存
Save As 保存为
Save selected 保存选择
XRef Objects 外部引用物体
XRef Scenes 外部引用场景
Merge 合并
Merge Animation 合并动画动作
Replace 替换
Import 输入
Export 输出
Export Selected 选择输出
Archive 存档
Summary Info. 摘要信息
File Properties 文件属性
View Image File 显示图像文件
History 历史
Exit 退出

二、Edit〈编辑〉菜单命令

Undo or Redo 取消/重做
Hold and fetch 保留/引用
Delete 删除
Clone 克隆

Select All 全部选择
Select None 空出选择
Select Invert 反向选择
Select By 参考选择
Color 颜色选择
Name 名字选择
Rectangular Region 矩形选择
Circular Region 圆形选择
Fabco Region 连点选择
Lasso Region 套索选择
Region 区域选择
Window 包含
Crossing 相交
Named Selection Sets 命名选择集
Object Properties 物体属性

三、Tools〈工具〉菜单命令

Transform Type-In 键盘输入变换
Display Floater 视窗显示浮动对话框
Selection Floater 选择器浮动对话框
Light Lister 灯光列表
Mirror 镜像物体
Array 阵列
Align 对齐
Snapshot 快照
Spacing Tool 间距分布工具
Normal Align 法线对齐
Align Camera 相机对齐

Align to View　视窗对齐
Place Highlight　放置高光
Isolate Selection　隔离选择
Rename Objects　物体更名

四、Group〈群组〉菜单命令

Group　群组
Ungroup　撤销群组
Open　开放组
Close　关闭组
Attach　附和
Detach　分离
Explode　分散组

五、Views〈查看〉菜单命令

Undo View Change/Redo View change　取消/
　重做视窗变化
Save Active View/Restore Active View　保存/
　还原当前视窗
Viewport Configuration　视窗配置
Grids　栅格
Show Home Grid　显示栅格命令
Activate Home Grid　活跃原始栅格命令
Activate Grid Object　活跃栅格物体命令
Activate Grid to View　栅格及视窗对齐命令
Viewport Background　视窗背景
Update Background Image　更新背景
Reset Background Transform　重置背景变换
Show Transform Gizmo　显示变换坐标系
Show Ghosting　显示重像
Show Key Times　显示时间键
Shade Selected　选择亮显
Show Dependencies　显示关联物体
Match Camera to View　相机与视窗匹配
Add Default Lights To Scene　增加场景缺省
　灯光

Redraw All Views　重画所有视窗
Activate All Maps　显示所有贴图
Deactivate All Maps　关闭显示所有贴图
Update During Spinner Drag　微调时实时
　显示
Adaptive Degradation Toggle　绑定适应消隐
Expert Mode　专家模式

六、Create〈创建〉命令面板

Standard Primitives　标准图元
Box　立方体
Cone　圆锥体
Sphere　球体
GeoSphere　三角面片球体
Cylinder　圆柱体
Tube　管状体
Torus　圆环体
Pyramid　角锥体
Plane　平面
Teapot　茶壶
Extended Primitives　扩展图元
Hedra　多面体
Torus Knot　环面纽结体
Chamfer Box　斜切立方体
Chamfer Cylinder　斜切圆柱体
Oil Tank　桶状体
Capsule　角囊体
Spindle　纺锤体
L-Extrusion　L 形体按钮
Gengon　导角棱柱
C-Extrusion　C 形体按钮
RingWave　环状波
Hose　软管体
Prism　三棱柱
Shapes　形状
Line　线条
Text　文字

Arc　弧

Circle　圆

Donut　圆环

Ellipse　椭圆

Helix　螺旋线

NGon　多边形

Rectangle　矩形

Section　截面

Star　星型

Lights　灯光

Target Spotlight　目标聚光灯

Free Spotlight　自由聚光灯

Target Directional Light　目标平行光

Directional Light　平行光

Omni Light　泛光灯

Skylight　天光

Target Point Light　目标指向点光源

Free Point Light　自由点光源

Target Area Light　指向面光源

IES Sky　IES 天光

IES Sun　IES 阳光

SuNLIGHT System and Daylight　太阳光及
　日光系统

Camera　相机

Free Camera　自由相机

Target Camera　目标相机

Particles　粒子系统

Blizzard　暴风雪系统

PArray　粒子阵列系统

PCloud　粒子云系统

Snow　雪花系统

Spray　喷溅系统

Super Spray　超级喷射系统

七、Modifiers〈修改器〉命令面板

Selection Modifiers　选择修改器

Mesh Select　网格选择修改器

Poly Select　多边形选择修改器

Patch Select　面片选择修改器

Spline Select　样条选择修改器

Volume Select　体积选择修改器

FFD Select　自由变形选择修改器

NURBS Surface Select　NURBS 表面选择修
　改器

Patch/Spline Editing　面片 / 样条线修改器

Edit Patch　面片修改器

Edit Spline　样条线修改器

Cross Section　截面相交修改器

Surface　表面生成修改器

Delete Patch　删除面片修改器

Delete Spline　删除样条线修改器

Lathe　车床修改器

Normalize Spline　规格化样条线修改器

Fillet/Chamfer　圆切及斜切修改器

Trim/Extend　修剪及延伸修改器

Mesh Editing　表面编辑

Cap Holes　顶端洞口编辑器

Delete Mesh　编辑网格物体编辑器

Edit Normals　编辑法线编辑器

Extrude　挤压编辑器

Face Extrude　面拉伸编辑器

Normal　法线编辑器

Optimize　优化编辑器

Smooth　平滑编辑器

STL Check　STL 检查编辑器

Symmetry　对称编辑器

Tessellate　镶嵌编辑器

Vertex Paint　顶点着色编辑器

Vertex Weld　顶点焊接编辑器

Animation Modifiers　动画编辑器

Skin　皮肤编辑器

Morpher　变体编辑器

Flex　伸缩编辑器

Melt　熔化编辑器

Linked XForm　联结参考变换编辑器

Patch Deform　面片变形编辑器

Path Deform　路径变形编辑器

Surf Deform　表面变形编辑器

* Surf Deform　空间变形编辑器

UV Coordinates　贴图轴坐标系

UVW Map　UVW 贴图编辑器

UVW Xform　UVW 贴图参考变换编辑器

Unwrap UVW　展开贴图编辑器

Camera Map　相机贴图编辑器

* Camera Map　环境相机贴图编辑器

Cache Tools　捕捉工具

Point Cache　点捕捉编辑器

Subdivision Surfaces　表面细分

MeshSmooth　表面平滑编辑器

HSDS Modifier　分级细分编辑器

Free Form Deformers　自由变形工具

FFD 2×2×2/FFD 3×3×3/FFD 4×4×4　自
由变形工具 2×2×2/3×3×3/4×4×4

FFD Box/FFD Cylinder　盒体和圆柱体自由变
形工具

Parametric Deformers　参数变形工具

Bend　弯曲

Taper　锥形化

Twist　扭曲

Noise　噪声

Stretch　缩放

Squeeze　压榨

Push　推挤

Relax　松弛

Ripple　波纹

Wave　波浪

Skew　倾斜

Slice　切片

Spherify　球形扭曲

Affect Region　面域影响

Lattice　栅格

Mirror　镜像

Displace　置换

XForm　参考变换

Preserve　保持

Surface　表面编辑

Material　材质变换

Material By Element　元素材质变换

Disp Approx　近似表面替换

NURBS Editing　NURBS 面编辑

NURBS Surface Select　NURBS 表面选择

Surf Deform　表面变形编辑器

Disp Approx　近似表面替换

Radiosity Modifiers　光能传递修改器

Subdivide　细分

八、Character〈角色人物〉命令面板

Create Character　创建角色

Destroy Character　删除角色

Lock/Unlock　锁住与解锁

Insert Character　插入角色

Save Character　保存角色

Bone Tools　骨骼工具

Set Skin Pose　调整皮肤姿势

Assume Skin Pose　还原姿势

Skin Pose Mode　表面姿势模式

九、Animation〈动画〉命令面板

IK Solvers　反向动力学

HI Solver　非历史性控制器

HD Solver　历史性控制器

IK Limb Solver　反向动力学肢体控制器

SplineIK Solver　样条反向动力控制器

Constraints　约束

Attachment Constraint　附件约束

Surface Constraint　表面约束

Path Constraint　路径约束

Position Constraint　位置约束

Link Constraint　联结约束

LookAt Constraint 视觉跟随约束

Orientation Constraint 方位约束

Transform Constraint 变换控制

Link Constraint 联结约束

Position/Rotation/Scale PRS 控制器

Transform Script 变换控制脚本

Position Controllers 位置控制器

Audio 音频控制器

Bezier 贝塞尔曲线控制器

Expression 表达式控制器

Linear 线性控制器

Motion Capture 动作捕捉

Noise 噪波控制器

Quatermion(TCB) TCB 控制器

Reactor 反应器

Spring 弹力控制器

Script 脚本控制器

XYZ XYZ 位置控制器

Attachment Constraint 附件约束

Path Constraint 路径约束

Position Constraint 位置约束

Surface Constraint 表面约束

Rotation Controllers 旋转控制器

Scale Controllers 比例缩放控制器

Add Custom Attribute 加入用户属性

Wire Parameters 参数绑定

Parameter Wiring Dialog 参数绑定对话框

Make Preview 创建预设

View Preview 观看预设

Rename Preview 重命名预设

十、Graph Editors〈图表编辑器〉命令面板

Track View-Curve Editor 轨迹窗曲线编辑器

Track View-Dope Sheet 轨迹窗拟定图表编辑器

NEW Track View 新建轨迹窗

Delete Track View 删除轨迹窗

Saved Track View 已存轨迹窗

New Schematic View 新建示意观察窗

Delete Schematic View 删除示意观察窗

Saved Schematic View 显示示意观察窗

十一、Rendering〈渲染〉菜单命令

Render 渲染

Environment 环境

Effects 效果

Advanced Lighting 高级光照

Render To Texture 贴图渲染

Raytracer Settings 光线追踪设置

Raytrace Global Include/Exclude 光线追踪选择

Activeshade Floater 活动渲染窗口

Activeshade Viewport 活动渲染视窗

Material Editor 材质编辑器

Material/Map Browser 材质／贴图浏览器

Video Post 视频后期制作

Show Last Rendering 显示最后渲染图片

RAM Player RAM 播放器

十二、Customize〈用户自定义〉

Customize 定制用户界面〉

Load Custom UI Scheme 加载自定义用户界面配置

Save Custom UI Scheme 保存自定义用户界面配置

Revert to Startup Layout 恢复初始界面

Show UI 显示用户界面

Command Panel 命令面板

Toolbars Panel 浮动工具条

Main Toolbar 主工具条

Tab Panel 标签面板

Track Bar 轨迹条

Lock UI Layout　锁定用户界面

Configure Paths　设置路径

Units Setup　单位设置

Grid and Snap Settings　栅格和捕捉设置

Viewport Configuration　视窗配置

Plug-in Manager　插件管理

Preferences　参数选择

十三、MAXScript〈MAX 脚本应用〉

New Script　新建脚本

Open Script　打开脚本

Run Script　运行脚本

MAX Script Listener　MAX 脚本注释器

Macro Recorder　宏记录器

Visual MAX Script Editer　可视化 MAX 脚本编辑器

十四、Help〈帮助〉菜单命令

Autodesk 3ds Max Help　Autodesk 3ds Max 帮助

Learning Movies　教学视频

Learning Path　教学路径

User Reference　用户参考

MAXScript Reference　MAX 脚本参考

Tutorials　教程

Hotkey Map　热键图

Additional Help　附加帮助

3ds max on the Web　3ds max 网页

Plug　插件信息

Authorize 3ds max　授权

About 3ds max　关于 3ds max

参 考 文 献

[1] 陈鹰 . 动感 CG—3ds max/After Effects 影视包装案例教程 [M]. 北京：中国青年出版社，2010.

[2] 新视角文化行 .3ds max/After Effects 影视包装与片头制作完美风暴 [M]. 北京：人民邮电出版社，2009.

[3] 陈浩滋 . 三维动画造型基础 [M]. 上海：上海科技教育出版社，2011.

[4] 王寿苹,周峰,孙更新 .3ds max8 中文版影视动画广告经典案例设计与实现 [M]. 北京：电子工业出版社，2007.

[5] 王晓光,范韬 .3ds max 9 影视特效表现技法 [M]. 北京：科学出版社，2008.